中国建筑技术集团有限公司
中国建筑科学研究院有限公司 组织编写

饶承东 史有涛 江楚雄 邓永胜 黄友谊 主编

城市综合体建筑设计 案例解析

Case Analysis of Urban Mixed-Use Building Design

中国建筑工业出版社

图书在版编目（CIP）数据

城市综合体建筑设计案例解析 = Case Analysis of
Urban Mixed–Use Building Design / 中国建筑技术集团
有限公司，中国建筑科学研究院有限公司组织编写；饶
承东等主编 . —北京：中国建筑工业出版社，2023.12
　　ISBN 978-7-112-29396-4

　　Ⅰ.①城… Ⅱ.①中… ②中… ③饶… Ⅲ.①城市规
划—综合建筑—建筑设计—案例—中国　Ⅳ.① TU984.2

中国国家版本馆 CIP 数据核字（2023）第 241093 号

责任编辑：张文胜
责任校对：赵　颖
校对整理：孙　莹

城市综合体建筑设计案例解析
Case Analysis of Urban Mixed–Use Building Design

中国建筑技术集团有限公司
中国建筑科学研究院有限公司　组织编写
饶承东　史有涛　江楚雄　邓永胜　黄友谊　主编
＊
中国建筑工业出版社出版、发行（北京海淀三里河路9号）
各地新华书店、建筑书店经销
北京海视强森文化传媒有限公司制版
天津裕同印刷有限公司印刷
＊
开本：787毫米×1092毫米　1/16　印张：14¾　字数：284千字
2024年1月第一版　2024年1月第一次印刷
定价：**192.00**元
ISBN 978-7-112-29396-4
　　（42046）

总 序

　　中国经济进入新常态，城市发展方式随之转变，当前建筑行业面临的机遇和挑战并存。

　　一方面，随着城市化进程的推进以及政府对行业利好政策的加持，建筑行业持续保持稳定的发展态势。当下，转型升级是建筑业的主旋律，大力发展绿色低碳建筑，稳步推广装配式建造，加大建筑新能源应用，积极推进城市有机更新为建筑行业提供了广阔的发展前景；随着信息化技术的发展，建筑行业迎来了数智化转型机遇，BIM 技术、云计算、物联网、互联网 +、人工智能、数字孪生、区块链等对建筑业的发展带来了深刻广泛的影响，成为推动建筑业转型发展的核心引擎。同时，随着中国建筑企业实力的不断增强，以及"一带一路"倡议的推进，越来越多的中国建筑企业走出国门，参与国际市场竞争，为建筑行业提供了全球化的发展空间和机会。

　　另一方面，在过去几十年中，大规模的基础设施建设和城市化进程已基本满足市场需求，城市空间资源逐渐紧张，建筑行业进入存量发展阶段，市场份额减少、盈利难度增加、过度竞争与资源浪费，不断挤压着建筑企业的生存空间。与此同时，随着人们对精神需求的重视、生活方式的改变、节能环保意识的提高，对建筑设计行业提出了更高要求，如何在保障建筑质量的基础上综合考虑功能性、舒适性、环保性等诸多因素，打造出让老百姓住得健康、用得便捷的"好房子"，成为建筑行业亟待解决的问题。

　　建筑规划设计要走创新发展之路，以不断提高建筑的质量和性能，满足现代社会的需求，需要从多个方面进行探索和实践：应注重可持续发展，采用可再生能源和节能技术，提高建筑的环境友好性和可持续性；结合新兴技术，借助数字化赋能，对建筑设计进行优化和预测，提升设计效率和质量，同时通过智能化管理提高建筑运营效率；将以人为本的理念融入建筑设计，关注、尊重人的需求与特性，提升建筑的舒适度和便捷性；在建筑设计中融入地域、文化、传统等要素，和而不同，设计出独特而多元化的建筑作品。

中国建筑技术集团有限公司成立于 1987 年，系央企中国建筑科学研究院有限公司控股的核心企业。历经三十多年的发展，依托品牌与技术优势，已经成长为一家覆盖规划、勘察、设计、施工、监理、咨询、检测等业务的全产业链现代化综合型企业。项目遍及全国各地，作品得到社会各界的赞誉，历年来所获各类奖项不胜枚举。作为建筑领域的"国家队"，中国建筑技术集团有限公司肩负着引领中国建筑业创新发展的使命，通过加强技术创新和管理提升，不断提高核心竞争力来适应市场需求的变化。当前，策划推出的建筑规划设计案例解析系列图书，旨在梳理近些年建筑规划设计项目的最新成果，分享实践经验，总结技术要点及发展趋势，以期推动建筑行业健康可持续发展。

此次出版的案例解析系列图书包含四册，分别为《城市综合体建筑设计案例解析》《文体教育类建筑设计案例解析》《科研办公类建筑设计案例解析》《城乡规划与设计案例解析》，凝聚了几百位建筑师、工程师的设计理念与创新成果，通过对上百个案例的梳理，从不同专业角度进行了深入剖析。其中不乏诸多对新技术、新产品的运用，对绿色低碳设计理念和设计手段的践行。

通过实际落地的优秀设计案例分享，带读者了解建筑设计中那些精妙的建筑语言、设计理念、设计细节，以全视角探寻设计师的内心世界，为建筑行业从业者和广大读者提供参考资源。相信本系列图书的出版将会进一步推动我国勘察设计行业的创新发展，为我国未来建筑业的高质量发展做出应有贡献。

中国建筑科学研究院有限公司党委书记、董事长

序

在城市化进程早期阶段，为应对城市人口和经济快速增长带来的挑战，多功能复合模式的城市综合体逐渐形成并得到了广泛应用。进入 21 世纪以来，随着我国城市化进程的加速与城市规模的快速增长，城市综合体在全国范围内涌现，并日臻完善。如今，成熟运转中的城市综合体已经远非几种不同的功能单元或建筑单体简单的"算术相加"或"物理混合"，而更趋呈现为伴随城市生活与社会需求的发展而不断交互变化的"化学反应"，其涵盖的业态内容更加丰富，空间组织形式更为灵活，内部相互作用机制也愈发复杂。

基于对城市综合体多元复合、资源共享、互补互动等典型特征的深刻理解，本书摒弃了将其机械地拆分成酒店、写字楼、商业中心等独立业态分而述之的讨论方式，而是根据城市综合体整体所面对的外部环境条件（中心城区或园区、小镇）、内部组织形式（集中单体或分散建筑群）以及空间拓展维度（垂直复合或水平聚合），将所收录的典型设计案例分别归入超高层综合体、中心城区城市综合体、园区 / 小镇综合体、建筑综合体、街区式商业综合体五个篇章，从而深入探讨了各类城市综合体在设计实践中的全专业技术解决方案。

当前，城市综合体的发展在整合城市资源、提供全方位服务和便利的同时，也面临着新问题、新挑战。在绿色低碳的设计要求下，对于高容积、高密度的城市综合体，如何确保节能环保、提高能源使用效率、实现可持续发展成为亟待解决的问题。同时，我国的城市化进程已逐渐进入以存量更新为主导的时代，城市综合体项目不再是大拆大建，而是需要通过有效改造更新来适应新时代城市社会生活的发展需求。这些问题的解决需要建筑设计领域的深入思考、设计统筹与合理技术运用。

本书从具体设计案例入手，以技术解析为切入点，重点阐述了多种类型城市综合体的特征、设计难点与要点。以不同外部条件与内部需求为出发点，详细介绍了建筑设计在实际操作中的具体应对策略与技术运用，内容涵盖建筑、结构、机电等多专业，设计资料翔实、技术亮点突出，对城市综合体的规划设计与技术实施具有较大的参考价值，提供更多有益的启示与思考。

张鹏举

全国工程勘察设计大师

内蒙古工业大学学术委员会主任，教授，博士生导师

前 言

党的二十大报告明确指出，高质量发展是全面建设社会主义现代化国家的首要任务。作为地区政治、经济、文化与社会活动的中心，城市的崛起不仅是经济繁荣的象征，更是社会发展的引擎，其高质量发展既是贯彻新发展理念的核心体现，也是构建新发展格局的重要支撑。在这个时代的背景下，我们迎来了城市发展的崭新时代。城市综合体作为引领时代潮流的建筑范本，已经超越了传统的建筑概念，承载着城市的发展脉搏和人们的梦想，正在以前所未有的速度和深度塑造着城市面貌，成为城市发展新引擎之一。

为了深入践行国家战略部署、紧密契合社会发展趋势，本书编委会编写了《城市综合体建筑设计案例解析》一书，旨在通过对近年部分具有代表性的城市综合体建设案例的创作思路与技术设计进行重点梳理，提取理念精华，解析技术亮点，凝聚设计智慧，沉淀技术经验，力求进一步促进我国城市综合体建筑创作与技术设计品质的提升，为高质量推进我国当代新型城镇化建设贡献力量。

城市综合体具有多功能复合、高密度组织、资源集约共享、多元互动共组价值链等典型特征，其建筑组群的规划设计也因此具有技术难度。因此，尽管对所有城市综合体项目加以严格分类是不现实也不尽合理的，但为了论述与查阅方便，本书根据所遴选项目的特点，将其大致归纳为五组：

第一组归类为"超高层综合体"，项目均是以一栋或多栋超高层建筑为核心、高强度开发的城市综合体建筑组群。

第二组归类为"中心城区城市综合体"，项目均位于市中心、CBD 等中心城区，呈现为多个街区联动开发的大型城市综合体建筑群。

第三组归类为"园区/小镇综合体"，项目选址远离中心城区，均位于城乡接合部或新区，通常单体建筑规模适中，而以多种功能的建筑群整体组合成园区型或小镇型的综合体。

第四组归类为"建筑综合体"，主要为具有综合体功能的大型单体建筑项目，或单个街区内数栋建筑组合构建的综合体组团。

　　第五组归类为"街区式商业综合体"，以商业建筑组群的街区化形态为主导、多种功能聚合的综合体街区。

　　本书是项目设计师、参编人员和审查专家的集体智慧的结晶，在本书出版发行之际，诚挚地感谢长期以来对中国建筑技术集团有限公司提供支持的领导、专家及同行！书中难免存在疏忽遗漏及不当之处，恳请读者朋友批评指正。

本书编委会

2023 年 12 月

目 录
CONTENTS

建筑综合体
Building Complex
146−199

街区式商业综合体
Neighborhood Commercial Complex
200−235

Super High-rise Complex

超高层综合体

大望京 2 号地超高层建筑群

滨河商务中心

恒天江西时尚中心

兰州盛达金城广场

富力首府

高新国际城一、二期

大望京 2 号地超高层建筑群

01/ 项目概况

　　大望京 2 号地项目是由 5 栋 160 ～ 220m 的超高层建筑以及 1 栋文化中心组成，是一个汇集了人文、生态、智能的 5A 级国际商务写字楼、高端公寓和区域文化中心组成的综合体，总建筑面积 57 万 m^2。该项目位于由首都机场进入北京的"京城第一门户"——大望京区域，以"国门第一商务区"的形象向国内外展示着北京现代都市的风貌。

承担设计的总建筑面积 35.45 万 m²，具体包括该项目的总体规划设计，建筑群中的昆泰嘉瑞公寓（618-1 号楼，地上 53 层，高 226m）、忠旺大厦（626-2 号楼，地上 41 层，高 220 米）、阿里中心望京 B 座（618-2 号楼，地上 30 层，高 156m）、昆泰嘉瑞文化中心（地上 3 层，623 地块）。该项目是汇集 5A 级国际商务写字楼、高端公寓和区域文化中心的综合体。

02/ 创意构思

1. 俊秀"竹"掩隐在都市中

项目的设计灵感源于"竹"，建筑如竹节般节节拔高，直入云端。

2. 研究空间视线，合理处理群体关系

各建筑不拘泥朝向，为保证最佳景观视角，扭转不同的角度，既避免互相遮挡，又丰富了建筑群体布局形式。

3. 公寓领域新突破，打造北京唯一超高层纯公寓楼

昆泰嘉瑞公寓，上下层根据景观视线设计不同面积段户型，豪华大气；核心筒布置紧凑，竖向交通快捷，得房率达到 82.5%，低、中区各配备 4 部电梯，高区 4 部梯速 6m/s 的超高速电梯，40s 直达顶层。

4. 造型独特，色彩时尚，打造望京新地标

建筑立面为双曲面玻璃幕墙，玫瑰金色"裙摆"，功能形式完美结合，阿里中心首层大堂 12m 层高，彰显 5A 级高端写字楼品质。

5. 超大屋顶花园，超大室内跨度，满足多样功能需求

文化中心两个近 40m 跨度展厅、多功能厅，可承接大型活动；屋顶花园 4000m²，成为北京商务区规模较大的空中花园。

6. 合理设置避难层、设备层

将避难层设置在"竹节"处，"眼眉"形的百叶解决功能需求，兼顾消防与美观；
结合避难层设置设备转换夹层，衔接上下层的不同平面布局。

避难层设在"竹节"处

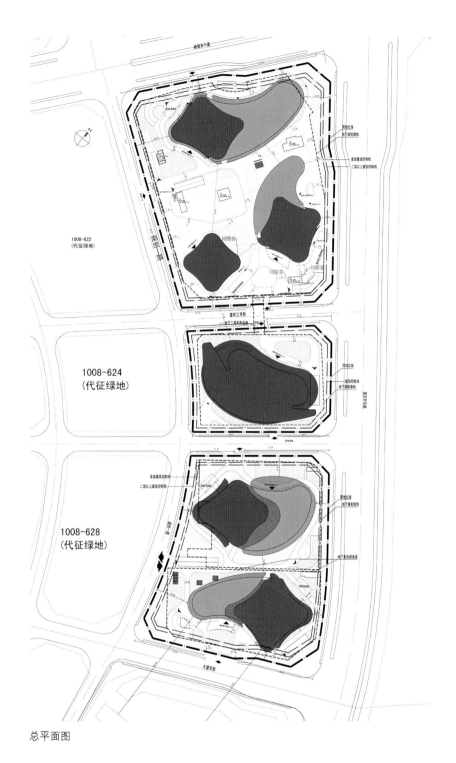

总平面图

　　总体布局结合地形，各单体如飘落的竹叶、屹立的竹竿有机地融合于基地内，为城市景观添色，与周边环境和谐共处。

03/ 技术特点

1. 合理选择结构体系，8 度区实现超高层公寓楼 82.5% 的得房率

昆泰嘉瑞公寓是目前北京唯一一座超高层纯公寓楼。结构形式采用型钢混凝土柱外框架和钢筋混凝土核心筒组成的密柱框架—核心筒结构，适应建筑功能属性，采用的核心筒 + 双 U 形墙肢的"一筒双墙"布置，有效减小了核心筒面积，在 8 度区实现了超高层公寓楼 82.5% 的得房率；高区取消部分外框柱，提升了顶部大户型公寓性能。

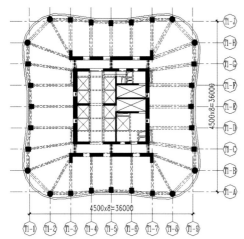

公寓平面图

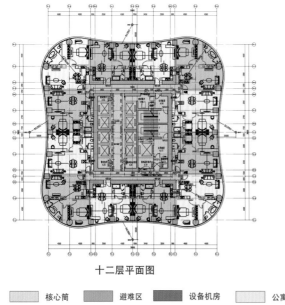

十二层平面图

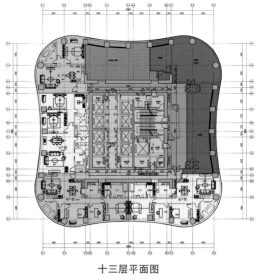

十三层平面图

| 核心筒 | 避难区 | 设备机房 | 公寓 | 公寓 | 走道 |

克服功能复杂性、结构超限难题，昆泰嘉瑞公寓从低区到高区，户型面积不同，通过合理设置设备转换夹层，完美解决建筑功能空间相互影响的问题。

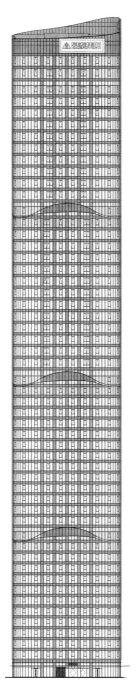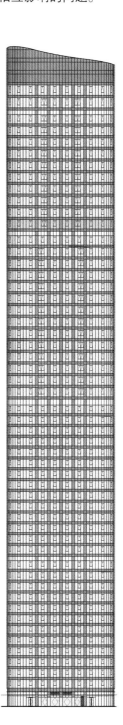

公寓立面图

2. 功能形式完美统一，超高大堂彰显 5A 级高端写字楼品质

阿里中心望京 B 座外立面金色"裙摆"幕墙，采用双曲面玻璃幕墙造型，实现功能与形式完美结合；首层大堂 12m 层高，彰显 5A 级高端写字楼品质；楼高 156m，高速电梯 30s 内直达顶层；结构采用圆形钢管混凝土柱和钢框架梁及混凝土核心筒结构。

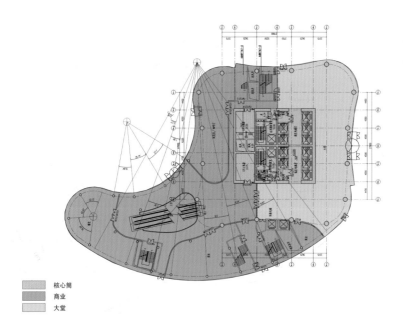

阿里中心望京 B 座首层平面图

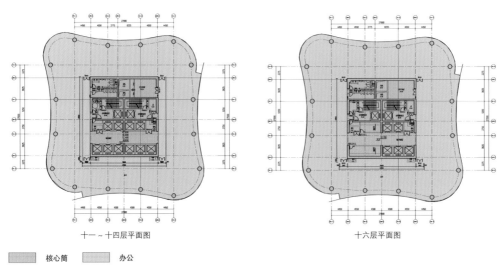

十一~十四层平面图　　　　　　　十六层平面图

阿里中心望京 B 座中区、高区平面图

3. 抗震性能化设计，满足建筑造型需求

该项目的结构特点还有：（1）基础采用变刚度调平整体设计，确保了塔楼的总沉降、倾斜、塔楼与周边地下室之间的基础变形协调满足要求；（2）在避难层采用悬吊方式设置设备夹层，满足建筑要求，并且避免对框架柱形成短柱。(3)通过悬挑箱型截面构件，巧妙实现"眼眉""披肩""裙摆"等建筑造型。（4）在结构设计中，合理确定构件的抗震性能目标，确保结构体系的耗能机制和多道设防机制,结合小震、中震、大震分析，实现了"小震不坏、中震可修、大震不倒"的设计目标。

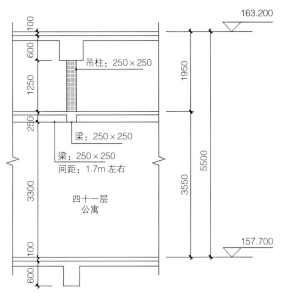

避难层设备夹层悬吊

结构计算模型

"竹箨"(披肩)和"竹根"(裙摆)用悬挑箱型钢构件实现

建筑"竹节"（眼眉）主要通过幕墙骨架实现

4. 节点设计

（1）主楼与地库顶板高差 3m，梁加腋处理。公寓楼和办公楼的塔楼与车库之间为满足嵌固层构造，覆土内梁加腋，有效传递水平力，避免短柱。

（2）楼核心筒暗柱主筋与内置型钢肋板穿孔处理。混凝土梁与型钢混凝土柱连接时，钢筋分别采用套筒、焊接和开孔穿筋等组合方式，确保施工便捷、传递直接。为发挥连梁的耗能作用，避免过早剪切破坏，便于机电管线穿越，核心筒局部连梁处理成双连梁并内置型钢。

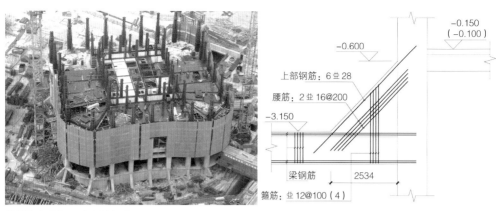

上部钢筋：6 ⯑ 28
腰筋：2 ⯑ 16@200
梁钢筋
箍筋：⯑ 12@100（4）

−0.600
−0.150
（−0.100）
−3.150
2534

塔楼与车库间覆土内梁加腋

现场套筒连接、焊接、开孔穿筋等钢筋连接形式

内置型钢的双连梁

施工现场

5. 机电各专业领域多项新技术、新材料

（1）多样式空调供暖系统相结合，打造舒适节能空调系统

采用冰蓄冷（3台双工况离心冷机 +1 台螺杆式基载主机）的冷源形式。市政热水 +1 台真空热水锅炉作为热源和过渡季热源。空调水采用一次侧定流量和二次侧变流量方式。大堂设置低温地板辐射供暖和全空气定风量系统，办公区采用地板散热器 + 全空气变风量（VAV）系统，公寓采用四管制风机盘管加新风系统。

制冷机组容量灵活匹配，冰蓄冷大温差，提升综合能源利用率、降低输送设备能耗；VAV 系统过渡季可全新风运行。采用节能、可无级调速和具有低噪声性能的直流无刷型风机盘管；$PM_{2.5}$ 过滤高效低阻专利技术，新风 / 空调机组设置两级静电除尘过滤器；运用智能家居、一氧化碳监测、空调用电分项计量等多项绿色生态智能科技技术。

（2）给水排水系统稳定可靠，消防串联供水系统经济安全

为解决超高层供水压力、供水分区及供水稳定性达到综合性能持续可靠的问题，供水系统选择串联供水的方式。给水和中水均采用水箱、变频水泵分区串联供水，在各自地下室和避难层均设有给水和中水泵房分区供水，有效保障供水安全。室内消防系统均采用水箱、水泵分区串联的临时高压系统。在地下室、避难层和屋顶层分别设消防水池和消防转输水箱分区供消防水。消防系统在避难层转输水箱处设置移动接力供水泵吸水及加压接口，可在原消防泵出现故障时通过移动接力泵及时保障消防供水，增加安全可靠性，系统后期维护压力小。

暖通机房内景图

给水泵房 消防泵房

618-1 号公寓楼
二十七层 1-2 号变配电室
4×500kVA

618-2 号公寓楼
地下一层柴油发电机房
1×1000kVA

618-1 号公寓楼
地下一层柴油发电机房
1×1000kVA

618-2 号公寓楼
地下一层 2-1 号变配电室
4×1600kVA
2×1250kVA

文化中心
地下一层 1-1 号变配电室
2×2000kVA

618-1 号公寓楼
地下一层 1-1 号变配电室
4×1600kVA

变配电室位置示意

（3）合理构建供配电系统，提高供电效率

为了缩短昆泰嘉瑞公寓供电半径，在地下室设置主变配电室，在二十七层设置分变配电室，变配电室内设置有防辐射措施。同时，合理选用供电导体及变压器，使供

电气机房内景图

配电系统更加可靠。供电导体选用密集型封闭铜母线槽、刚性矿物绝缘电缆以及低烟无卤阻燃、阻燃耐火型电力电缆等。变压器采用低损耗、低噪声节能型变压器并设置减振措施。

04/ 应用效果

该项目协同灯光设计，成为区域亮化工程亮点。2019 年 10 月 1 日，大望京 2 号地（含昆泰嘉瑞中心）群体灯光秀效果震撼，"我爱你中国""祖国万岁"的标语令人耳目一新，为首都风貌增光添彩。

该项目获得中国建设工程鲁班奖、中国土木工程詹天佑奖、中国钢结构金奖、亚太五星最佳高层建筑大奖、IDA 国际设计奖、建筑设计综合建筑荣誉奖"杰出建筑奖"、中国建筑学会建筑奖、北京市优秀工程勘察设计奖等奖项，通过美国绿色建筑 LEED 金级认证，为北京市建筑业新技术应用示范工程。

室内实景照片

望京夜景

实景图

滨河商务中心

01/ 项目概况

　　滨河商务中心位于济南市天桥区小清河与清河北路之间的狭长街区，东侧为规划中的滨河绿带，西侧隔小清河展览馆及城市公园绿地，与跨越黄台板桥的历山北路相邻。

　　作为引领济南城市北向发展的大型城市综合体建筑群，滨河商务中心总建设用地面积约 28261m²，总建筑面积约 20 万 m²，其中地上部分建筑面积约 14 万 m²，包括 1 栋 138m 的超高层写字楼、3 栋 100m 的高层公寓及办公楼以及裙房商业、旗舰店与酒店等商业服务设施；地下部分建筑面积约 6 万 m²，主要包括下沉商街、车库与设备机房等辅助设施。

　　伴随着小清河清淤复航这一造福济南市民的历史事件，滨河商务中心以"清河复航，帆影重现"为核心设计理念，回应地区发展历史的同时，也标志着城市展开向黄河沿岸发展的战略宏图。

02/ 设计理念

　　滨河商务中心的建筑创作，在宏观尺度上回应了城市特定地域的历史文脉，在中观尺度上整合融入了基地特有的水 – 路环境系统之中，在微观尺度上创造了独特的场所体验。

1. 城市尺度对基地历史文脉的回应

　　开凿于南宋的小清河，在历史上是山东省内唯一水陆联运、河海通航的内河航道，昔日船桅林立、航运繁忙，对流域地区社会、经济、文化的发展产生了深远影响。但近代由于工业与生活废水大量排入，污染严重、生态恶化、淤塞断航。近年，在政府的大力支持下，综合整治工程全面展开，小清河水色渐清、河道复航。由此，济南滨河商务中心以"清河扬帆、群帆共举"为核心设计理念，成为小清河复航、重拾往日辉煌的历史见证。

临河鸟瞰实景图："清河复航，帆影重现"

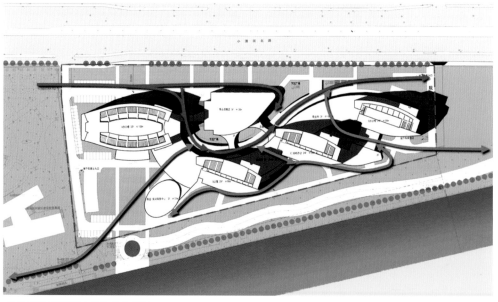

"水-路"双系统空间交织分析图

临河人视实景图："清河扬帆，群帆共举"

2. 街区尺度对城市肌理的回应

　　"水－路"双系统交织是泉城济南老城城市空间的典型特征，人居生活穿梭徜徉于人工与自然重叠复合的双重城市空间系统之间，形成传统地域生活方式独具特色的空间环境载体。与这一传统空间模式相呼应，该项目建筑设计通过在"水-路"双系统之

"水-路"双系统空间肌理中的建筑群

间创造如"杨柳弯枝、溪水分流"般自然流动、交织渗透的漫步空间脉络，以促使城市生活自由灵动地流入、展开，从而对古城济南水路交织、自然与人文交相辉映的传统人居环境空间模式进行现代演绎。

3. 场所体验与材料效果所触发的环境感知

建筑空间设计以"自由流动"构筑了步行街、庭院及室内空间体验的基本特征，连续塑造了引导漫步徐行、激发交流互动的事件场所，不断暗示着"伴水而生"的独特环境感知。而建筑立面设计以玻璃这一常规材料的非常规组合应用，探讨了"环境影像"积极介入并与实体环境互动对话的可能性。反射所形成的"虚线化的环境影像"被重新植入连续的物质环境中，以其超现实的陌生感激发了人们对习以为常、视而不见的自然环境的重新关注与感知。

"伴水而生，自由流动"的公共空间

空间体验与环境影像

03/ 技术亮点

1. 结构和材料

该工程抗震设防类别为标准设防，抗震设防烈度为 6 度 0.05g 第三组，结构安全等级为二级；建筑场地类别为 II 类，主楼结构形式为混凝土框架 – 核心筒结构，基础形式为桩筏基础。

A 栋为含有多项不规则的超高层建筑，本单体采用性能化设计，依据超限审查结论，对本结构单体采用如下加强措施：

（1）性能化设计，满足结构在多遇地震作用下结构构件弹性，在设防地震作用下核心筒底部加强区剪力墙抗剪弹性，在罕遇地震作用下斜柱及支撑柱大震弹性；

（2）斜柱、与斜柱相交的框架柱均采用型钢混凝土柱；支承斜柱的框架柱按照大震弹性进行设计，抗震等级提高一级。斜柱框架柱附近的核心筒底部加强部位，按照大震抗剪不屈服进行设计，核心筒底部加强部位核心筒四角埋设型钢，抗震等级提高一级。斜柱生根或转换部位的部分楼层连接斜柱的受力较大的梁采用型钢混凝土梁，按照大震弹性进行设计；

（3）楼板不连续：二、三层中庭开洞较大位置，相关楼层楼板双层双向配筋，配筋率不小于 0.25%。采取措施后，保证楼板应力小于抗拉应力。

2. 暖通空调

（1）供暖热源为市政供热，一次网供／回水温度为 80℃/55℃。A 楼低区、中区、高区分别设换热机组，低区、中区换热机组及相关软水装置、定压设备设在地下一层换热站内，高区换热机组及相关软水装置、定压设备设在 A 楼十六层换热机房内。采用 VRF 空调系统，冷媒为 R410A，室外机置于裙房屋顶、避难层、屋顶层等位置。

（2）A 楼供暖形式为低温热水地板辐射供暖，供／回水温度为 50℃/40℃。系统分区：一～十一层为低区，工作压力 0.87MPa；十二～二十一层为中区，工作压力 1.39MPa；二十二～三十二层为高区，工作压力 1.05MPa。

（3）新风系统：办公区域设新风系统，每层集中设置新风换气机组，在新风管设风管式电子除尘净化杀菌器，新风经过风管式电子除尘净化杀菌器、转轮热交换器、新风风机送至各房间。排风系统通过各房间与走道隔墙的百叶风口、机房侧墙百叶风口、转轮式热交换器、排风机排至室外。转轮式热交换器热回收大于 60%，其余的新风负荷由 VRV 或地暖承担。

（4）合理利用避难层、裙房屋面、屋顶等室外空间对多联机系统进行分区设计，降低多联机系统能耗。

3. 给水排水

结合项目特点，对给水排水系统、雨水系统、消防系统进行合理化设计。

（1）生活给水系统：水源由市政给水提供，从小清河北路市政给水管上引入两根 DN200 的给水管，与小区室外给水环状管网（DN250）相接。市政接口处设阀门、过滤器、水表和倒流防止器。市政供水水压为 0.25MPa，满足该工程室外消防所需压力和流量。给水供水压力共分为 4 个分区，供水采用水箱 + 水泵供水方式。避难层设置两座容积均为 10m³ 的装配式不锈钢转输水箱和高低区变频供水设备。位于 B 楼地下一层的生活水泵房为本工程转输水箱供水，转输总干管在地下一层走廊内布置。变频供水设备吸水管上均设置紫外线消毒器。

（2）中水系统：水源接自 D 楼位于地下二层的中水机房，中水出水水质应满足现行国家标准《城市污水再生利用 城市杂用水水质》GB/T 18920 的要求。中水用于地下车库内车库冲洗及车辆冲洗。

（3）室内排水系统：室内排水采用污废水合流系统。生活污水经室外化粪池净化处理后排入市政排水管或中水机房。

（4）雨水系统：降雨强度计算公式采用济南市降雨强度公式。裙房及高层建筑屋面重现期采用 50 年，汇水时间采用 5min，屋面采用 87 型雨水斗。雨水收集和利用：通过合理的绿化和景观设计（如植被浅沟、植被缓冲带、土壤渗滤、屋面绿化等）控制雨水径流量，保证场地内开发后雨水的峰值径流速度和径流量小于开发前。

（5）消防系统：该工程消防按照一类建筑综合楼设计，火灾次数为一次。消防系统设计内容包括：室内消火栓系统、湿式自动喷水灭火系统、自动扫射水炮系统、预作用自动喷水灭火系统、灭火器配置系统。室内消火栓系统设高、中、低两区，地下二层～地上三层为低区，四层～二十五层为中区，二十六层～三十二层为高区。低区系统通过减压阀减压，消防水泵出水管设置安全阀防止管道意外超压事故；中区采用减压稳压消火栓来维持各分区部分楼层消火栓出口水压不超过 0.5MPa。高区通过避难层的消防转输水箱和水泵提供消防水量和压力。

4. 电气及智能化

设计内容：变配电系统、照明（普通照明、应急照明、航空障碍照明）系统、动力系统（应急动力、普通动力）、防雷接地及等电位联结、火灾自动报警及联动控制系统（电气火灾报警系统、应急广播系统）、安防系统（监控系统、防盗报警系统、考勤系统、门禁管理系统、停车场管理系统、巡更系统）、楼宇自动控制系统、综合布线系统、公共无线通信信号放大系统、无线对讲系统、有线电视系统、视频会议系统、计算机网络系统、能源监控与计量管理系统、信息发布系统。

供配电系统设计：该工程共设两处（1号，4号）总变电所及两处（2号，3号）分变电所。由市政高压分支箱引来四路10kV中压电源，同时使用、互为备用。其中两路引至1号变电所；另外两路引至4号变电所。4号变电所采用高压电缆放射式供电方案，为2号分变电所及3号分变电所各提供两路10kV电源。

应急电源：设置柴油发电机作为应急电源，发电机的供电范围为：超高层A楼的特别重要负荷、一、二级负荷；B、C、D楼消防、应急照明负荷、电梯等重要负荷。

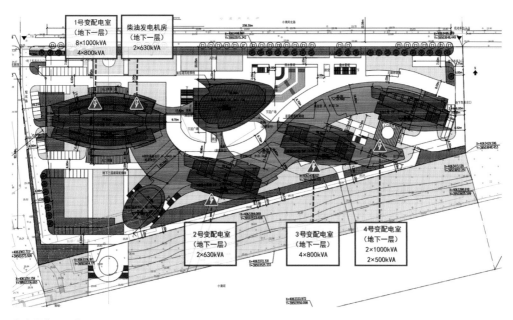

变电所位置示意图

04/ 应用效果

  该项目投入使用后获得了业主与社会各界的普遍好评,取得了良好的社会效益、经济效益与环境效益。并在 2014 年、2021 年分别获得"全国人居经典建筑规划设计方案竞赛建筑金奖"及"北京市优秀工程勘察设计奖建筑工程设计综合奖（公共建筑）三等奖"。

恒天江西时尚中心

01/ 项目概况

　　恒天江西时尚中心位于江西省南昌市，总建筑面积 27 万 m²，其中地上 20 万 m²，地下 7 万 m²；占地面积 1.8 万 m²，容积率 3.5，绿化率 20%，建筑密度 33%，投资额约 10 亿元。

　　项目地块性质为商业商务用地，主要建设超高层办公、商业及辅助设施等用房。4 座高层建筑形成弧形布局烘托 1 座超高层建筑，在形成项目标志性景观的同时呼应江景和老城区肌理，与城市景观产生完美对接。空间布局方案采用内圆外方的模式，在对江面退让形成弧形广场，与外部城市空间有机融合，其他界面则形成整体方整的街道空间。同时，场地通过中心的圆环绿岛空间，赋予整个场地以凝聚感，形成宏观的向心性。

02/ 设计理念："山水科创"

1. "山"：拟山筑城　策划优先

仿照自然山水理性进行效益最大化设计。山体的形成基于自然的运行规律。设计植根于自然、人文与资源，尝试仿照自然山水，进行理性生成提炼并转译成方案的规划空间结构。看似自然，实则蕴含深刻的逻辑。

（1）理性数据反推：基于日照包络反推体量趋势；

（2）合理业态分布：人流为导向进行功能推演；

（3）经济效益最大化：最大限度发挥江景溢价；

（4）江景可视面最大化：规划空间与建筑体量的扭转。

2. "水"：山水城市　江城一体

（1）转译山水体系营造江城有机整体。结合项目自身条件，尝试将中国古老的自然山水哲学思想在当代城市中进行演绎。探索性地将山水概念贯穿建筑作品中，依据"江城一体"的设计理念，将自然江水与拟化出的群山城市融为一体，并以其为指引，基于城市界面与肌理对方案的规划布局与建筑形式进行指导，让人身处城市之意境，感受山水之精髓。

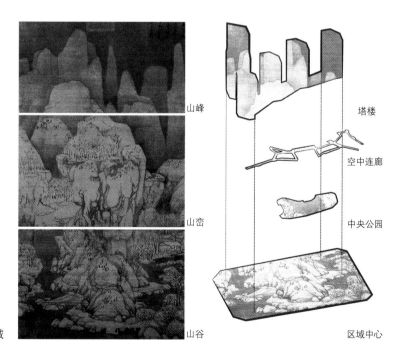

山峰	塔楼
山峦	空中连廊
	中央公园
设计理念：拟山筑城	山谷	区域中心

千里江山图

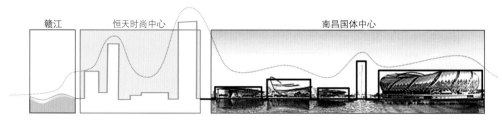

"江城一体"

设计理念：江城一体

（2）适应界面与肌理：变换建筑体量形式模糊差异。将建筑体量进行扭转，构建自城市向赣江及中心城区的视线通廊，更大程度地减少遮挡，避免建筑体量对原有环境带来割裂；建筑体量城市侧低，江岸侧高，适应城市界面与比例尺度。

3."科"：科技创新　绿色健康

（1）绿色建筑：可再生能源利用、充分利用冬季日照、冷热蓄能、整体气流组织设计、屋顶绿化、自然水系、透水地面、地下空间利用。

（2）健康建筑：噪声干扰控制、自然光利用、光线品质控制、水质指标控制、室内舒适性控制、水资源种类管理、稳定空气质量、恒定空气温湿度。

4."创"：创意文化　时尚中心

（1）营造文化载体：时尚文化综合体。利用自然环境优势，因势利导打造一个山水交融，由中心绿岛、时尚内街、文化连廊与活力平台组成的时尚文化综合体。其具有凝聚活化周边区域的作用，与空中连廊一同将室外营造成一个多元而时尚的公共文化空间。

（2）发掘文化属性溢价：运营端多方位打造区域文化特色。特色时尚文化主题的多业态的运营模式：江边游乐：欢乐海洋、江畔步行街等；体验系列：草地主题音乐会、

绿色建筑

可再生能源利用

冬季日照

冷热蓄能

整体气流组织

屋顶绿化

自然水系

透水地面

地下空间利用

健康建筑

噪声干扰控制

自然光利用

光线品质控制

水质指标控制

室内舒适性控制

水资源种类管理

稳定空气质量

恒定空气温湿度

绿色建筑、健康建筑

沿街效果图（黄昏）

亲子活动、屋顶文化分享会、时尚走秀等；多类型商业：社区商业，体验商业、集中商业等；娱乐活动：儿童乐园、酒吧、图书馆、会所等。

03/ 技术亮点

1. 结构和材料

该项目分三期建设，目前一、二期建设已竣工使用。一、二期工程包括：售楼中心、3 栋独立的高层办公楼（高度约 90m），三～六层商业及办公裙楼将各高层之间相连，地面以上各自用缝分开，承载建筑功能流线的使用要求，大底盘地下室（含防空地下室），地下 2 层，总的埋置深度约 10m。

该项目的抗震设防类别为标准设防类，结构安全等级二级，结构的设计使用年限 50 年，抗震设防烈度为 6 度，设计基本地震加速度值为 0.05g，设计地震分组为第一组，建筑场地类别Ⅱ类，属抗震一般地段，无不良地质作用，抗浮水位按赣江历史最高洪水位24.01m（黄海高程）设计；3栋高层建筑采用桩筏基础，桩型采用钻孔灌注桩，地库（含裙楼）采用抗拔桩（抗压桩兼）承台+防水板的基础形式，塔楼与裙房之间设后浇带断开，桩型与高层一致，桩端持力层均为中风化泥质粉砂岩，承载力标准值为1800kPa。

3栋高层建筑为全现浇钢筋混凝土框架–核心筒结构：框架三级，核心筒二级，裙楼为全现浇钢筋混凝土框架结构：框架四级。

结构特点：由于建筑功能及空间体形要求，高层塔楼核心筒内部被楼梯间、不同的设备洞隔开，造成楼板不连续且比例较高；裙楼局部存在大悬挑，悬挑长度2.5～4m不等；虽各自均没有达到超限审查的条件，但考虑到楼板的缺失对核心筒的筒体侧限及传递水平力的能力造成实质性伤害，整体计算未必反映得准确，特别是这种关键部位更不能存在隐患，所以对核心筒的筒体进行了抗震的性能化设计，目标为中震抗剪弹性、抗弯不屈服的要求，同时将周围的楼板分刚性板与弹性膜分别进行组合计算，最终采用几种包络的设计结果，再结合加强楼板的刚度和配筋率等构造措施，从概念上满足计算前提的假定，提高结构分析的准确度和真实性。对于裙楼大悬挑梁的情况，主要从两方面进行了加强：①进行竖向地震的验算比较，根据结果概念性补强重点梁的配筋及构造，同时提高支撑悬挑梁框架柱的抗剪和抗弯能力，特别是提高悬挑部位的反向"压重"区域的结构刚度和承载能力，注重概念的合理性，结合分析计算的可靠性。②严格控制悬挑梁的变形和裂缝的指标，对于悬挑长度大的还要按照舒适度的要求进行设计，同时加强悬挑部位的楼板刚度和配筋率，提高整体性，有条件时尽量减轻悬挑区域的使用荷载，采取减和加相结合的手法。

结构施工过程照片

2. 暖通空调

（1）冷热源系统，一~二层商业，采用 VRV 多联机空调系统；三~二十七层办公采用分体空调；（2）所有办公室均有可布置分体空调室外机的地方，且面积均在 $30m^2$ 左右，均有可开启外窗，可以保证自然通风；（3）一~二层商业可分区域设计空调，采用自然通风；（4）本着运维安全、管理简单、节约成本的原则，结合项目实际功能布置，冷热源采用不同的形式，对办公室采用分体空调的形式；对商业，按照室外机与室内机间的配管布置等效长度不超过 70m 的要求，采用多联机空调系统，末端采用风机盘管。

3. 给水排水

办公给水机房与酒店给水机房分别设置，按照酒店管理公司的规定，并结合的当地的水质，对生活给水处理，并按水质不同分别供水；为生活热水配置消毒设备。

由于组团中有超高层建筑，对高位水箱供水、气压供水、变频调速供水、叠压供水设备供水等方式的优缺点、投资、运行费用及供水稳定性等方面进行了比选。

供水方案比选

序号	供水方案	图示	水泵运行工况	供水稳定性	一次投资	运行费用
1	高位水箱	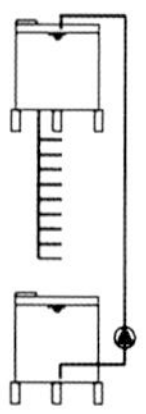	均在高效段运行	最好	1	1
2	变频恒压供水系统	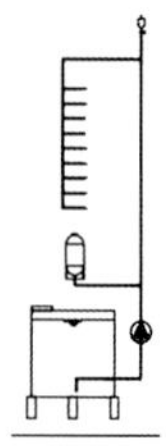	大部分在高效段运行	比 1 差	<1	>1

序号	供水方案	图示	水泵运行工况	供水稳定性	一次投资	运行费用
3	叠压供水设备		优于2	最差	<1	接近1

室外采用雨、污分流制。室内采用污、废合流制。设置水封及器具通气保证排水畅通并满足卫生防疫要求。

屋面雨水采用内排式重力流雨水排水系统。屋面雨水由87型雨水斗收集，经雨水管道排至室外雨水井。场地内尽量消纳雨水，通过设置下凹式绿地、植草砖等设施增强雨水入渗，剩余雨水经室外雨水管道排入项目周边市政雨水管道。

该项目超高层建筑高度超过普通消防车的救火高度，故遵循"预防为主，防消结合"的设计理念，提高建筑的自防自救能力，采取可靠的防火措施，消防设计做到安全适用、技术先进、经济合理。在满足超高层建筑消防设计要求的前提下，按照并联分区、减压阀分区、串联分区等不同的供水方式进行了方案比选。

（1）并联分区系统：该工程根据此系统可分为高、中、低三个区。低、中区消防给水由设于地下二层低区消火栓给水泵组供给；高区消防给水由设于地下二层高区消火栓给水泵组供给；高区消火栓系统的稳压依靠屋顶消防水箱间的稳压设备确保；中、低区消火栓系统的稳压依靠屋顶消防水箱静水压力确保。这种方式在一百多米的超高层建筑消防供水中应用较为广泛，系统将供水设施集中放置在地下设备房内，各区独立运行，确保各分区的消防供水要求。

该系统简洁、互不影响，运行和管理操作简单，便于维护。考虑水泵扬程的局限性和系统的承压能力，结合规范对系统压力不宜超过2.4MPa的要求，故该系统不适合应用于该项目。

（2）减压阀减压分区给水系统：减压阀减压分区是指通过比例式减压阀或可调式减压阀按照规范要求的系统压力限值，将系统分成若干个分区供水的系统。该工程按照此系统分为高、中、低三个区，各分区均由设于地下二层消防泵房内的两台消防水泵组统一供水，其中低区和中区通过减压阀减压后供给。减压阀设置应考虑阀前阀后压力比值一般不宜大于3∶1，当一级减压阀减压不能满足要求时，可采用减压阀串联减压。

减压阀串联减压不宜超过2级。同时,为了确保减压阀组的正常工作,提高系统的安全性,设计中宜在减压阀前后两侧均增设压力传感器,实时监控减压阀的工作情况。

与并联分区系统相比,此方案是在并联方案的基础上,通过分别在中、低区增设一套比例减压阀组并减少一组消防供水泵组来实现。此方案构成简洁明了,减少了各分区的独立供水设备,大大降低了初始投资。但是由于均通过减压阀减压来实现,因而减压阀的质量及维护保养成了系统安全与否的关键。因此,减压阀分区供水的方式适用于一般高层建筑的消防供水中,作为对可靠性要求较高的超高层消防供水并不适合。

(3)串联分区给水系统:串联分区供水是超高层建筑消防供水中常见的一种形式,系统结合避难层的设置将各区水泵分别串联加压,以满足各分区的消防供水要求。该工程按照此系统可分为高、中、低三个区。低区消防给水由设于地下的消防水泵直供,中、高区均由设于避难层内的串联消火栓给水泵及消防水箱供给。各分区消火栓系统压力由各分区的稳压设备及消防水箱实现。对于超过消防车压力范围的中、高区,设置中、高区消防水泵接合器加压泵向高区加压供水。

此系统构成虽比较复杂,但系统安全性好,故该项目采用串联供水系统。

4. 电气及智能化

该项目为大型商业综合体建筑,且为一类高层建筑,用电负荷等级为一级负荷,由市政引入双重电源供电,以保证当一路电源故障时,另一路电源不会同时受到损坏,每一路电源均能承担全部一、二级负荷。

(1)变压器的总装机容量为18300kVA。

(2)开闭站及变配电室的设置:

1)根据该项目的规模及当地供电部门要求,需设置开闭站,设于B-3号楼座地下一层。

2)共设置7处变配电室,其中B-1～B4号公寓楼均单独设置一处变配电室共计4处,裙房商业及地下车库设置1处变配电室,A-1号楼超高层建筑设置2处变配电室。

(3)应急电源:

1)应急照明系统根据不同的空间需求,采用集中式EPS或灯具自带蓄电池作为应急电源。

2)由于该项目A-1号办公楼为150m的超高层建筑,为确保其消防设备、安保设备的供电可靠性,除2路市电供电外,在超高层建筑的地下层设置2台500kW柴油

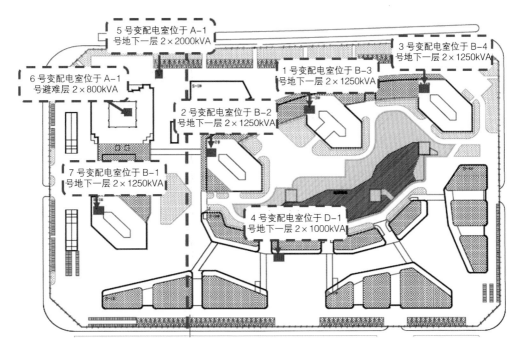

变配电室设置位置图

发电机组，作为超高层建筑的消防、安保设备用电的应急电源。

（4）低压配电设计：

1）低压配电系统的接地形式为 TN-S 系统，对于单台容量较大的负荷或重要负荷采用放射式供电；对于照明及一般负荷采用树干式与放射式相结合的供电方式。消防负荷、信息网络设备、消防控制室、变配电室、电话机房等采用双电源供电并在末端互投，电源自动转换装置采用 PC 级，自投自复方式运行。

2）照明配电系统：A-1 号楼采用插接母线供电，提高了配电的灵活性，便于后期满足不同的使用功能需求；其余公寓均采用电缆供电。

（5）智能化系统设计：主要包括通信及计算机网络系统（含电话程控交换系统、计算机网络系统、综合布线系统、无线网络系统、移动通信覆盖系统、信息发布系统）、安全防范系统（含视频监控系统、门禁系统、巡更系统）、有线电视系统、火灾自动报警及其联动控制系统、能耗管理系统、建筑设备监控系统等。

同时该项目将具备不同功能的建筑智能化系统，通过统一的信息平台集成，对各个子系统全程集中监视和管理。使各个原本独立的子系统，在统一的平台上互相交互，通过智能化集成管理平台，实现信息汇集、资源共享，为后期的运维管理提供了极大便利。

04/ 应用效果

　　该项目毗邻国体中心，近靠未来江西省政府及企事业单位集群区，距西客站 5min 车程，可谓地理位置优越。

　　"恒天时尚中心"主体由 5 栋超高层围合式商业组成，是一个集 5A 级国际办公、270° 超阔江景公寓及特色时尚体验式商业街区为一体的城市综合体。

　　项目融合国际先进规划理念，以特有的央企品质为保证，既有丰富的文化内涵，又能充分体现时代特征，功能布局合理，多业态复合功能有效互补，成就上风上水的黄金宝地。铸就一个城市标志性建筑群落。

中心绿地效果图

售楼处效果图

商业内街效果图

兰州盛达金城广场

01/ 项目概况

该项目位于兰州市城关区天水中路3号,项目总建筑面积22.5万 m^2,是以豪华"五星级"宾馆、5A级写字楼、酒店式公寓以及精品商业、配套用房、大型地下智能车库等为主要功能的高端超高层城市综合体项目。

02/ 设计理念

(1)极简主义

建筑形态为极简主义的现代风格建筑,同地区经济发展前景符合。该项目由9层商业裙房和北侧39层及南侧51层塔楼构成。

(2)绿色、环保

以绿色、环保、可持续发展的理念,最大化土地利用,建筑风格、造型、色彩搭配与周围环境协调。

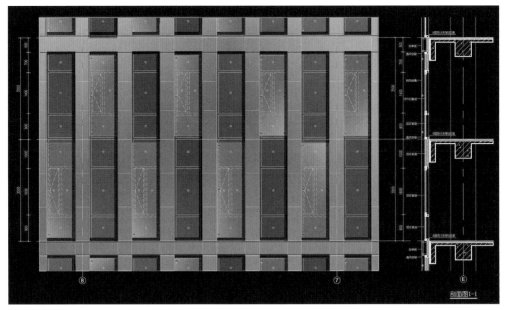

建筑外墙玻璃节点立面图

（3）技术特色

大楼内设计了高效遮阳帘，以阻挡夏日的日照，并且设计了可以阻挡风压的开窗，以达到自然通风的目的。

03/ 技术亮点

1. 合理选择结构体系，抗震性能化设计，满足建筑造型需求

根据建筑物的总高度、抗震设防烈度、建筑的用途等情况，该工程采用钢管混凝土框架 – 钢筋混凝土核心筒结构体系。核心筒和外框架间采用钢梁连接，钢梁与外框架柱刚接、与核心筒铰接。

（1）针对超限项的措施

1）采用多个结构分析程序进行多遇地震下的整体计算，并采用弹性时程分析法进行补充计算。

2）采用整体多塔模型与 A、B 塔楼的分塔模型分别验算，并采用较不利的结果进行包络设计。

3）对加强层及其相邻层采取剪力墙设置约束边缘构件、提高框架柱抗震等级至特一级、加大加强层及其相邻层楼板厚度及加强配筋的办法，并对薄弱层（即加强层下层）采用 1.25 的内力放大系数。

4）加大首层顶楼板厚度并双向配筋，分析并保证本层楼板在中震作用下的弹性工作状态。

5）采取加强周边框架，以提高结构的抗扭刚度，限制结构的扭转效应。

（2）针对构件的措施

1）核心筒：严格控制底部墙肢在多遇地震作用下的轴压比不超过 0.5；核心筒外壁墙体的约束边缘构件配置高度延伸至墙体轴压比 $\mu_N=0.25$ 的楼层，其约束边缘构件配箍特征值不小于 0.25；双向设防地震作用下，控制底部墙肢的最大名义拉应力水平不超过混凝土受拉强度标准值的 2 倍（当型钢配钢率大于 2.5% 时按比例放松）；对于拉应力大于混凝土受拉强度标准值（f_{tk}）的墙肢配置型钢，并由型钢承担全部轴向拉力。

2）外框架：框架柱采用钢管混凝土柱以提高其承压能力和延性；严格控制底部框架柱在多遇地震作用下的轴压比不超过 0.70；外框架部分作为结构抗震的第二道防线，需满足规范对于框架—核心筒结构中框架部分所承担的最小剪力要求，同时按照底部剪力的 20% 和框架承担楼层剪力最大值的 1.5 倍的较小值进行放大调整。

2. 给排水系统稳定可靠，消防串联供水系统经济安全

（1）给排水系统

1）生活给水系统：采用水池—水泵—水箱的联合供水方式，根据建筑高度、建设标准、建筑内使用功能、水源条件、防二次污染、收费标准、节水、节能等原则进行分区。给水系统竖向分为 6 个区，各分区的压力均小于 0.45MPa，减压阀设置较少，各分区给水立管承压较小，管材的造价低，使用寿命长。生活热水系统进行分区供水，分区方式与冷水系统相同。热水循环管道采用同程式管道布置方式，以保证热水系统有效循环。游泳池热源采用集中式间接循环平板太阳能系统，阳光不足或阴雨天气时蒸汽锅炉作为热源辅助加热。

2）生活排水系统：室内采用污、废分流的排水系统；每隔一定高度设置一套消能装置，避免由于水流的冲击对管系造成影响；排水系统设专用通气立管，污、废水分设通气管，保证立管内的空气流通，排除排水管道中的有害气体，保护卫生器具的水封；

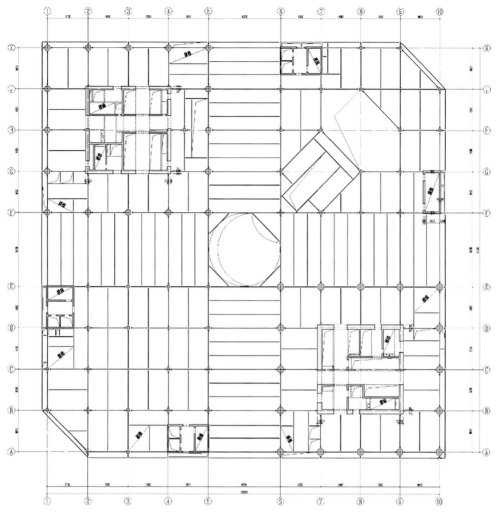

结构典型平面图

厨房的含油废水采用两级隔油，器具初步隔油后，经室内隔油池处理后排入市政排水管网。地下室需要提升的生活污水、厨房排水、汽车库地面排水、设备排污及消防电梯基坑排水分别收集至集水坑，经污水泵提升后排至室外，污水集水坑设通气管并引至室外。

（2）消防系统

1）消防给水系统：地下消防水池为建筑提供消防用水，消防泵房内除设有消防水泵外，同时设置消防转输水泵，为避难层的消防转输水箱（兼作高位消防水箱）供水，避难层的消防转输水箱再为屋顶高位消防水箱供水。屋顶高位消防水箱通过稳压泵对消防系统稳压，其中低区稳压需经减压阀后对低区系统稳压。高位消防水箱溢流水依次向下层高位水箱内排放，最终排至消防水池内。室内消防给水系统采用串联给水，通过水泵接合器经转输水泵向高区供水。高、低区分别设置消防水泵接合器，超过消防水泵接合器供水能力的供水在避难层的消防加压设备管道上设置手抬泵接口。

2）大空间智能灭火系统：采用自动扫描射水高空水炮灭火装置，加压水泵一用一备，置于地下消防泵房内，以保证最不利点的消火栓静水压力不低于 0.6MPa。每个高空水炮的保护半径为 20m，水炮的安装高度为 6～20m，每个水炮设一个电磁阀，由红外线探测组件自动控制，也可在消防控制室手动控制强行启动。

3）气体灭火系统：除电动车充电站设备用房、贵重金库区、柴油发电机房采用无管网七氟丙烷气体灭火系统外，因消防泵房、屋顶消防水箱间亦较为重要，故设置气体灭火系统保护；通信机房、移动通信发射站、消防泵房控制室等机房采用七氟丙烷火探管式感温自启动气体灭火系统。

4）厨房自动灭火系统：在厨房灶台烟罩及排烟管道内设置厨房专用自动灭火装置，喷头采用玻璃球式喷头，温度级为 93℃。

（3）雨水系统

1）A 楼、B 楼屋面雨水采用内落式重力流雨水排水系统。高层雨水管中间设置消能设施。

2）C 楼屋面雨水采用虹吸式雨水系统。室外雨水先经过弃流后回收至雨水收集池，收集的雨水经处理后，为本建筑周边绿化及道路冲洗提供用水。

3. 暖通空调系统

银行、金库采用独立冷热源多联系统，可实现单独控制；泳池系统采用热泵除湿空调；商业及酒店、办公区冷源采用集中冷水机组，利用电动阀分区域控制；热源采用燃气锅炉房，热水锅炉为供暖及生活热水系统的热源，蒸汽锅炉为酒店洗衣房的热源。输配系统采用一级泵变流量，分区两管制空调水系统，裙楼内区冬季及过渡季冷却塔供冷。水系统竖向分为高、中、低三个区，低区由冷水机组直供，中、高区通过板式换热器转换后供给。商业、酒店及办公区均采用风机盘管加新风系统。中庭、入口大堂等大空间设置一次回风全空气空调系统和地板供暖系统，过渡季全新风运行；新风系统采用热回收机组。

商业内区冬季采用冷却塔免费供冷；车库采用 CO 浓度及时间程序控制通风设备

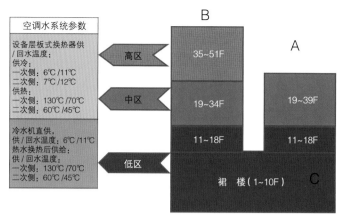

空调水系统参数		

设备层板式换热器供/回水温度：
供冷：
一次侧：6℃/11℃
二次侧：7℃/12℃
供热：
一次侧：130℃/70℃
二次侧：60℃/45℃

冷水机直供，
供/回水温度：6℃/11℃
热水换热后供给：
供/回水温度：
一次侧：130℃/70℃
二次侧：60℃/45℃

高区 ← 35~51F

中区 ← 19~34F 19~39F

低区 ← 11~18F 11~18F

裙楼（1~10F）

B A C

空调水系统分区示意图

B座40层6号变配电室
2×800kVA

B座25层5号变配电室
2×800kVA

A座25层4号变配电室
2×800kVA

B1层1号变配电室
2×1600kVA
B1层柴油发电机房

B1层2号变配电室
2×1250kVA+2×1000kVA
B1层3号变配电室
2×1600kVA+3×1000kVA

建筑电气设计示意图

的启停；人员密集场所设置 CO_2 浓度传感器保证室内空气品质及节能运行。由于商业区餐饮排风量巨大，设计时需要考虑整个裙楼的通风与空调系统的风量平衡，避免负压，产生烟囱效应。

4. 建筑电气

该项目引入两路 10kV 电源，10kV 为单母线分段运行，中间设联络开关，两路电源同时工作，互为备用，每一路 10kV 电源均能承担楼内全部一、二级负荷用电。在地下一层和各避难层分别设置变配电站共 6 处，总装机容量 18700kVA。

在地下一层设置一座柴油发电机房，内设两台 900kW 柴油发电机组作为备用电源。柴油发电机组在平时处于自启动状态，当两路市电均中断时，低压发电机组在 30s 内启动，为重要负荷供电。当市电恢复正常供电后，机组能够自动切换至正常电源，机组自动退出工作，并延时停机。

低压配电系统采用 220V/380V 放射式与树干式相结合的供电方式，对于单台容量较大的负荷或重要负荷采用放射式供电；对于照明及一般负荷采用树干式与放射式相结合的供电方式。

5. 建筑智能化

该项目建筑智能化系统包括通信系统及综合布线系统、有线电视系统、建筑设备监控系统、安全技术防范系统、广播 / 扩声与会议系统、信息导引及发布系统、智能照明控制系统。

通信及网络系统由综合布线系统统一布线，数据中心机房设置在地下一层。消防相关智能化系统独立布线。

各子系统设置通用接口及通信协议，通过统一信息管理平台实现系统集成和综合管理。

6. 建筑电气绿色节能、环保措施

（1）采用低损耗节能型环氧树脂浇注干式变压器，且变电所靠近负荷中心设置，为满足超高层用电需求，除了在地下设置变电所外，还在 A 座二十五层、B 座二十五层和四十层分别设置分变配电室，尽量缩短供电半径。

（2）采用变压器低压侧电容器集中式补偿，将本工程功率因数提高至 0.9 以上。

（3）照明光源、镇流器的能效符合相关能效标准的节能评价值。采用高光效光源、高效灯具及高效的灯具附件。

（4）各区域照明照度标准及功率密度按现行国家标准《建筑照明设计标准》GB 50034 执行。

（5）生活水泵，风机等动力设备采用变频等节能控制方式。

（6）动力、照明干线等均设置电能计量装置，满足分项计量的要求。

（7）单相负荷尽可能均匀平衡分配到三相系统中，以减少电压损失。

（8）充分利用自然光，使用具有光控、时控、人体感应等功能的智能照明控制装置。有外窗时，照明灯具的布置应对应使用功能按临窗区域及其他区域合理分组，并采取分组控制，对建筑物的楼梯间等照明，采用人体感应加光控方式进行控制。

04/ 应用效果

该项目是兰州的地标性建筑。建筑采用了极简主义立面，相较于当时墨守成规的超高层建筑手法，有效打破了时代壁龛，作为兰州较早一批的综合体项目，引领了时代潮流。

夜间照明效果

富力首府

01/ 项目概况

该项目位于海口市大英山 CBD 东侧，分为 B18 和 D16 两个地块。

D16 地铁位于海口市大英山 CBD 东侧国兴大道以南，海府大道以西，大英山西一路以东。总用地面积 29573.79m²，总建筑面积 237501.82m²。拟建项目包括 1 号楼办公（31 层）、2 号楼办公（56 层）、3 号楼住宅（36 层）、4 号楼住宅（27 层）、商业 2-1 号、3-1 号楼（2 层裙楼）、5 号楼幼儿园（3 层）。

B18 地块位于海口市大英山 CBD 东侧国兴大道以北，海府大道以西，大英山西一路以东。总用地面积 64369.54m²，总建筑面积 432723.50m²。拟建项目包括 1 号楼办公（32 层）、2 号楼办公（56 层）、3 号住宅楼（38 层）、4 号住宅楼（40 层）、5、6、7 号住宅楼（27 层）、8 号住宅楼（28 层）、9 号办公楼（9 层）、2-1 号、3-1 号商业楼（1-4 层裙楼）。

该项目建筑沿中心景观围合布局，同时最大限度拉开建筑之间的间距，为大中心景观争取空间，在 CBD 核心区域创造出稀缺的景观资源。

02/ 设计理念

　　该项目是一个高端社区综合体，以住宅为主，辅以酒店、办公、会所和商业设施。采用建筑簇群的理念，形成风格统一而又各具特色的建筑群体，旨在为不同类型的物业和住宅提供最佳的视野、最大的园林空间和最大的价值。

　　设计上，采用经典隽永、细节丰富的 ART-DECO 风格，打造海口市的高端时尚社区。特别是南北两座主塔，以其高达 208m 的高度，成为海南省独一无二的地标性住宅项目，给海口市的天际线增添了独特的亮点。而沿着国兴大道的商业建筑则采用了分段式设计，立面形式丰富、时尚经典且工艺考究。这样的设计助力国兴大道成为"海南第一街"，提升该地区的商业氛围和地位。

　　总之，作为一个综合性社区项目，通过高端的建筑设计、独特的 ART-DECO 风格和标志性的主塔，以及国兴大道商业建筑的时尚经典设计，将成为海口市的一处引人注目的地标。

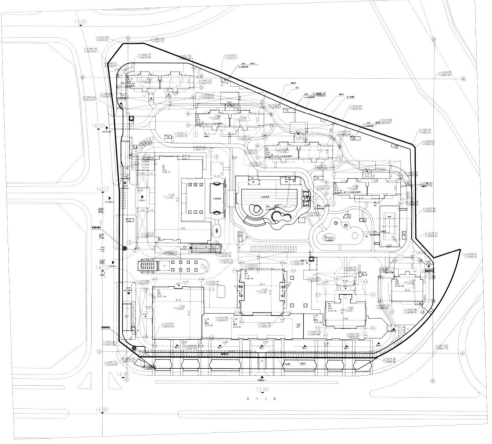

B18 地块总平面图

鸟瞰效果图

（1）该项目紧邻南北侧用地红线围绕中心景观绿地布置建筑，为中心景观争取最大面积。

（2）沿国兴大道一侧建筑呈"品"字形布局，建筑形象庄重大气，成为 CBD 区西侧门户标志性建筑。

在交通流线上，将公共建筑与住宅分开，建筑沿中心景观围合布局，同时最大限度拉开建筑之间的间距，为大中心景观争取空间，在 CBD 核心区域创造出稀缺的景观资源。

（3）建筑入口采用多重院门的形式，提升入户到达体验。

（4）北侧一排的建筑主要功能空间均朝向中心景观，保证良好的景观视线。

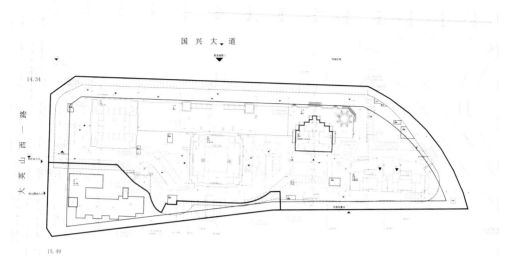

D16 地块总平面图

03/ 技术亮点

1. 结构和材料

该项目抗震设防烈度为 8 度（0.3g），设计地震分组为第一组，基本风压为 0.75kN/m^2。工程基础采用钻孔灌注桩（后注浆技术），

墙下、柱下布桩，承台基础。材料：钢筋采用 HPB300、HRB400 及 HRB500 级，钢材采用 Q235B、Q345B，混凝土采用 C30 ~ C60。

（1）超限情况说明及相应加强措施

超限内容：B18 地块 1 ~ 8 号楼及 D16 地块 1 ~ 4 号楼超过规定的最大适用高度，属超限高层。其中 B18 地块最高楼 2 号办公楼高度 205.5m，超过混合

结构施工现场照片

B18 地块主要塔楼建筑高度、结构形式及抗震等级

楼号	建筑高度（m）	层数	结构形式	地上部分及地下1层及其相关范围（主楼周边外延不小于3跨或20m）	
				抗震等级	抗震构造措施
1	142.0	33/-3	矩形钢管混凝土框架－钢筋混凝土核心筒	框架：一级（钢梁二级）核心筒：特一级	框架：一级核心筒：特一级
2	205.5	58/-3	矩形钢管混凝土框架－钢筋混凝土核心筒	框架：一级（钢梁二级）核心筒：特一级框架柱：特一级	框架：一级核心筒：特一级框架柱：特一级
3、4	141.5	39/-3	钢筋混凝土剪力墙	剪力墙：一级	剪力墙：特一级
5~8	98.1	29/-3	钢筋混凝土剪力墙	剪力墙：一级	剪力墙：一级
9	45.0	9/-2	钢结构框架	三级	三级
地库	—	地下2层	混凝土框架	抗震等级三级，抗震构造措施三级	

D16地块主要塔楼建筑高度、结构形式及抗震等级

楼号	建筑高度（m）	层数	结构形式	地上部分及地下1层及其相关范围（主楼周边外延不小于3跨或20m）	
				抗震等级	抗震构造措施
1	139.1	30/-4	矩形钢管混凝土框架－钢筋混凝土核心筒	框架：一级（钢梁二级）核心筒：特一级	框架：一级核心筒：特一级
2	203.8	58/-4	矩形钢管混凝土框架－钢筋混凝土核心筒	框架：一级（钢梁二级）核心筒：特一级框架柱：特一级	框架：一级核心筒：特一级框架柱：特一级
3	132.0	36/-4	钢筋混凝土剪力墙	剪力墙：一级	剪力墙：特一级
4	88.2	26/-4	钢筋混凝土剪力墙	剪力墙：一级	剪力墙：一级
5	12.3	2	钢结构框架	二级	二级
地库	—	地下3层	混凝土框架	抗震等级三级，抗震构造措施三级	

结构 [8度（0.3g）] 最大适用高度130m的58.1%；D16地块最高楼2号办公楼高度203.8m，超过混合结构 [8度（0.3g）] 最大适用高度130m的56.7%；两个地块2号楼首层均开大洞，但开洞率不超过30%，存在穿层柱。

以B18及D16地块最高楼2号楼为例，主要构造措施如下：核心筒采用特一级构造要求，核心筒转角和墙肢端部设置型钢，底部加强区核心筒分布钢筋最小配筋率提高至0.5%；控制剪力墙的轴压比，对轴压比不小于0.25的墙肢在其高度范围内均按约束边缘构件要求设置箍筋；严格控制底部核心筒在小震作用下的轴压比不超过0.40；严格控制底部框架柱在小震作用下的轴压比不超过0.60。

（2）超限工程的主要措施

1）进行抗震性能化设计，底部加强区核心筒外墙按小震弹性，中震受弯不屈服，受剪弹性，大震受剪不屈服。

2）采用 YJK 和 MIDAS 对结构进行了小震弹性对比分析，采用 YJK 进行了小震弹性时程分析，以及中震、大震等效弹性分析，采用 PKPM–SAUSAGE 进行了大震弹塑性时程分析。

3）采用墙式剪切阻尼器的消能减震措施。

4）对侧向刚度不规则楼层地震剪力乘以 1.25 的放大系数进行调整。

5）中震时双向水平地震下墙肢全截面由轴向力产生的平均名义拉应力超过 1.2 倍混凝土抗拉强度标准值时设置型钢承担拉力，且控制平均名义拉应力不超过《超限高层建筑工程抗震设防专项审查技术要点》第十二条第四款的要求。

6）连梁：按规范控制连梁的剪压比，必要时设交叉斜筋或钢板连梁，保证连梁剪切破坏不先于弯曲破坏。

2. 给水排水

该项目的特点为建筑群规模庞大、建筑高度比较高，其中超过 100m 的建筑包括

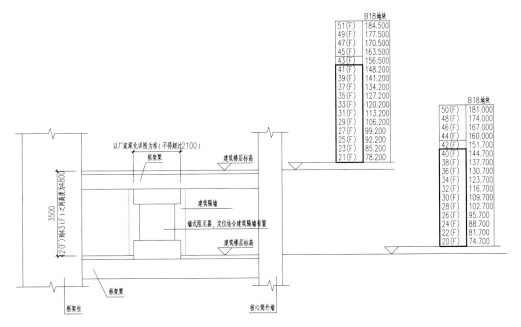

墙式阻尼器立面示意图

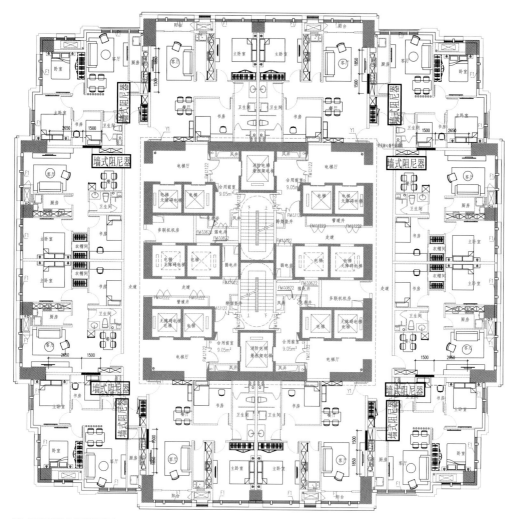

墙式阻尼器布置平面图

住宅、办公等，因此给水排水系统设计要突出安全性，不仅消防给水系统安全性要好，生活给水系统也要有水质的安全性、供水的稳定性和舒适性，在此基础上还要有节能和节水等特点。

给水排水整体的设计思路是两个地块分别设置给水和消防给水系统，为便于物业分开管理，给水系统的设计，住宅和公共建筑分开设置。

生活给水系统采用生活贮水箱——全自动变频调速供水设备供水，系统每个分区不超过 30m，100m 以下各个系统并联供水，超过 100m 的部分串联供水。该分区满足给水排水国家规范要求，同时也满足节水节能规范要求，避免过多设置减压阀组，不利

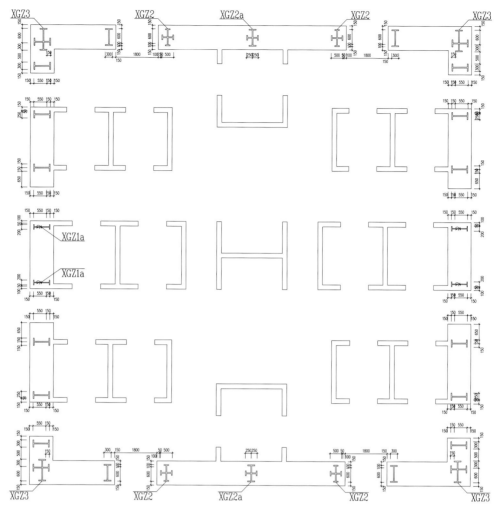

核心筒内置型钢图

于系统节能。

消防给水共分给高、中、低三个区，低区高度为 100m，中区为 100 ~ 150m，高区为 150 ~ 200m。低区和中区均由地下室内消防泵房供水，高区由设置于转换层的传输水箱和消防传输水泵联合供水。该分区设计考虑到建筑群高度规划，减少中间传输和转换设备，尤其是减少对住宅建筑的噪声污染。

3. 暖通空调

该项目除住宅建筑外的办公、商业和会所设计中央空调系统，其中沿街商业部分采用变频多联机系统，但仅预留出空调安装条件和用电负荷。

会所为多层建筑，空调冷热源采用风冷热泵机组，由于有生活热水需求，夏季供冷时部分热泵采用热回收型，回收的热能用于生活热水的热源；冬季热负荷小，只有部分机组供热，其余机组用于生活热水热源。高层办公建筑空调冷源为螺杆式冷水机组与风冷热泵机组联合供冷，冬季需要供热时，只开启风冷热泵机组供暖。

空调末端形式均采用风机盘管加新风系统，新风系统逐层设置，采用全热回收新风系统；办公内区交通核设机械通风系统。

办公建筑空调系统采用6℃/12℃大温差一次泵变流量系统，在空调分集水器之间装设压差旁通控制阀，以控制末端供回水压差，根据末端负荷需求控制旁通流量保证制冷机组运行效率。

设置风冷热泵机组既解决冬季热负荷需求，也用于夏季和过渡季部分负荷运行时，避免启动大机组和水泵，系统更加合理和节能。

4. 电气及智能化

B18地块从市政电网引入一路10kV电源，电缆埋地引至地下一层变配电室。根据电力负荷初步计算，B18地块总装机容量24000kVA，其中公用变电站4座，内设变压器分别为4台1000kVA、4台800kVA、4台800kVA、4台800kVA；专用变电站2座，内设变压器分别为4台1600kVA、4台1000kVA。

D16地块从市政电网引入一路10kV电源，电缆埋地引至地下一层变配电室。D16地块总装机容量12900kVA，其中公用变电站2座，内设变压器分别为4台1000kVA、4台800kVA；专用变电站2座，内设变压器分别为2台1600kVA、2台1250kVA。

380V低压配电采用单母线分段系统，正常时分段运行，当一台变压器检修或故障时，母联投入，满足重要负荷用电。

为确保重要负荷用电，设有柴油发电机组作为自备应急电源。柴油发电机房均设于地下一层。

根据应急负荷初步计算，B18地块选用1台640kW柴油发电机组，负责1，7～9号楼、消防泵房、部分地库消防负荷，保障负荷等应急电源供电。1台1100kW柴油发电机组，负责2～6号楼，部分地库消防负荷，保障负荷等应急电源供电。

D16地块选用1台640kW柴油发电机组，负责1号楼、消防泵房、地库消防负荷，保障负荷等应急电源供电。1台900kW柴油发电机组，负责2～4号楼，地库消防负荷，保障负荷等应急电源供电。

建筑电气绿色节能、环保措施：

（1）采用低损耗环氧树脂浇注干式变压器，且变电所靠近负荷中心。

（2）采用电力电容器集中式补偿，将功率因数提高至 0.9 以上。

（3）采用高效节能灯具，荧光灯具配套电子镇流器。

（4）各区域照明照度标准及功率密度值按现行国家标准《建筑照明设计标准》GB 50034 执行。

（5）小区路灯及庭院灯采用定时控制方式，集中管理。

（6）生活水泵、风机等动力设备采用变频等节能控制方式。

（7）动力、照明干线等均设置电能计量装置。

（8）选用节能灯具和电器设备。

（9）住宅部分楼梯及走道照明采用节能自熄开关，办公走道照明采用智能灯控器统一集中控制。

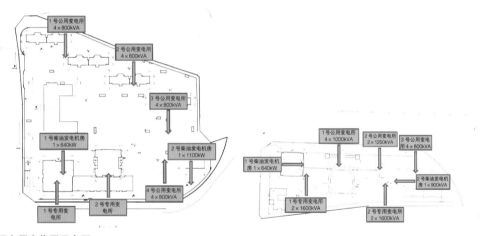

变配电用房位置示意图

04/ 应用效果

项目投入使用后，获得了业主的一致好评，切实提升了整个海口区域住宅的服务水平，成为这个城市的新名片。

整体立面效果图

街景人视效果图

街景商业效果图

高新国际城一、二期

01/ 项目概况

    该项目位于衡阳高新技术产业开发区陆家新区核心位置，衡州大道产业轴西端，相邻地块用地分别为商务、医疗、教育、体育、居住用地等，配套条件优越。项目总用地面积约为 267.50 亩，为商住混合用地，容积率为 4.0，商住比为 35 ：65。主要建设内容涵盖高层住宅及相关商业配套；超高层酒店、公寓、办公、餐饮、文化展示区等。

02/ 设计理念

    该项目开放商业街区大量运用退台、架空等手法，以简洁大气的设计语言，收放有序的规划空间，形成多尺度，立体的灰空间体系，促进人与人交往交流，体现人文关怀与细节品质，彰显开放融合的时代精神。

立足传统，展望未来，在设计中塔楼的造型以风帆与桥梁的形态为意象，上升感强烈，简洁肯定，易于解读，裙楼则转译成上阔下收的舟楫形态，北侧的公园给超高层留出了黄金视觉距离，整体象征衡阳市正以现代化的技术开放包容姿态架起国际沟通的桥梁，承载梦想，同舟共济，驶向美好未来。

双子塔矗立新区核心，简洁新颖寓意深刻的造型，突出的城市天际线，七～十层两塔之间的屏幕形态连桥，与夜景灯光结合，整个建筑将成为夜间文化宣传的大屏幕，熠熠生辉，形成强大辨识性和唯一性的区域地标。

街区效果图

超高层效果图

幼儿园是儿童的乐园，是儿童长身体、长知识的场所，是小区配套设施中不可或缺的一部分。在色彩学上，高明度、高饱和度的颜色、暖色、高对比度的色彩处理，可以使人产生欢快、明朗、兴奋的心情，这里运用彩虹色的搭配，可以形成欢快、亲切、活泼的色彩氛围。

　　该项目整体采用现代简约的立面风格，通过金属板，大面积玻璃、石材等现代材料，以简约的造型设计，超高层单体布局选取方正的平面造型，提高空间利用效率，商业街区建筑单体平面空间方正，造型丰富，兼顾使用效率与昭示性，考虑社交场景化。

幼儿园透视图

幼儿园效果图

超高层单体透视图

03/ 技术特点

1. 结构和材料

双子座塔楼包括 A、B 楼，A 楼结构从室外地坪到大屋面高度为 198.45m，地上 46 层、地下 2 层，出屋面 3 层；B 楼结构从室外地坪到大屋面高度为 199.75m，地上 49 层、地下 2 层，出屋面 3 层；A、B 楼中间的连接体宴会厅、连接体和 A、B 楼间设置抗震缝，划分为 3 个计算单元。避免成为连体、错层等复杂体形的结构，减少了不规则的类型和程度。A、B 楼采用混合结构中的型钢混凝土框架 - 钢筋混凝土核心筒与钢筋混凝土结构中的框架 - 核心筒的结构类型相比结构高度不超限。

整个项目均为现浇钢筋混凝土梁板结构，其中 24 号楼双子座塔楼采用钢筋桁架组合楼板，与采用开口型压型钢板组合楼板相比厚度降低 30mm。可降低建筑物层高或增加楼层的有效使用高度。本双子座塔楼设计使用年限 50 年；区域抗震设防烈度 6 度；

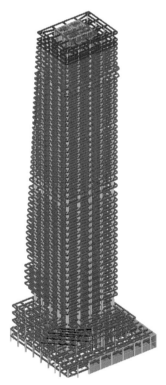 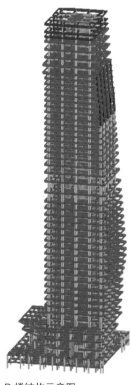

A 楼结构示意图　　　　　　　　　　　B 楼结构示意图

设计基本地震加速度 0.05g；建筑抗震设防重要性分类为乙类；设计地震分组为第一组；建筑场地类别为 II 类；场地地震动反应谱特征周期为 0.35s；基本风压 0.40kN/m²；基本雪压 0.25kN/m²；地面粗糙度 B；抗震等级：型钢混凝土框架为二级，钢筋混凝土核心筒为二级。

2. 暖通空调

（1）设计方案

空调冷、热负荷：夏季计算冷负荷 17062kW，冬季计算热负荷 8395kW，单位面积冷负荷指标 107W/m²，单位面积热负荷指标 53W/m²。

1）空调冷、热源系统

根据工程特点和业主意见，采用集中耦合式空调系统，冷源采用离心式冷水机组 + 土壤源热泵；热源采用热水锅炉 + 土壤源热泵；酒店单独设置冷热源，冷源为螺杆式冷水机组，热源为热水锅炉。

①超高层 24 号楼双子塔冷源采用离心式冷水机组，单台制冷量 3500kW，共 3 台，机组冷水侧最高工作压力为 1.6MPa，满足空调系统使用上灵活、多样的要求。冷水供 / 回水温度 6℃ /12℃，冷却水供 / 回水温度 32℃ /37℃。冷媒为 R410a。配置 4 台相应水量的冷水泵，3 用 1 备，4 台冷却水泵，3 用 1 备。机组及相关设备设于地下一层，配有冷却塔 6 组，设于商业屋顶。

②A 楼顶部展厅、观光厅空气源热泵机组，单台制冷量 130kW，制热量 150kW，共 8 台，工作压力 1.0MPa。冷水供 / 回水温度 7℃ /12℃，热水供 / 回水温度 45℃ /40℃。冷媒为 R410a。配置 4 台相应水量的冷热水泵，3 用 1 备。机组及相关设备设于屋顶。

③采用 2 台土壤源热泵，单台制冷量 1600kW，制热量 1680kW，共 2 台，工作压力 1.6MPa。冷水供 / 回水温度 6℃ /12℃，热水供 / 回水温度 45℃ /40℃。冷媒为 R410a。配置 3 台相应水量的负荷侧冷热水泵，2 用 1 备，配置 3 台相应水量的地埋侧冷热水泵，2 用 1 备机组及相关设备设于地下一层。

④B 塔楼热源采用 2 台热量为 2800kW 的热水锅炉，一次热水供 / 回水温度为 80℃ /55℃，天然气型，空调热水供 / 回水温度为 55℃ /45℃，设置 2 台板式水—水换热器，每台换热量 1600kW。配置 3 台相应水量的冷水泵，2 用 1 备，机组及相关设备设于地下一层。

⑤酒店的冷源采用冷水机组，单台制冷量 1200kW，共 2 台，机组冷水侧最高工作压力为 1.6MPa，满足空调系统使用上灵活、多样的要求。冷水供／回水温度 6℃／12℃，冷却水供／回水温度 32℃／37℃。冷媒为 R410a。配置 4 台相应水量的冷水泵，2 用 1 备，2 台冷却水泵，2 用 1 备。机组及相关设备设于地下一层，配有冷却塔 2 组，设于商业屋顶。

⑥酒店的热源采用 2 台热量为 1400kW 的热水锅炉，一次热水供／回水温度为 80℃／55℃，天然气型，空调热水供／回水温度为 55℃／45℃，设置 2 台板式水—水换热器，每台换热量 1400kW。配置 3 台相应水量的冷水泵，2 用 1 备，机组及相关设备设于地下一层。该热源同时提供酒店生活热水约 1100kW；

⑦ B1 ~ B6 商业、社区用房采用变制冷剂流量多联分体式空调系统，新风采用自带冷热源的新风机组，室外机组及相关设备设于设备平台。

⑧ A1 ~ A9 商业、住宅、幼儿园均预留分体空调。

2）空调水系统

①办公及商业采用分区两管制闭式机械循环系统，水平同程，垂直异程；提供制冷季 6℃／12℃的冷水和供暖季 45℃／40℃的热水（由 80℃／55℃的锅炉供水经板式热交换器提供）。

②酒店采用四管制闭式机械循环系统，水平同程，垂直同程。

③空调冷水采用变流量一级泵系统（制冷机组和水泵变频）。

④锅炉高温热水（80℃／55℃）侧采用变流量一级泵系统，板式热交换器二次侧空调热水（60℃／48℃）采用变流量一级泵系统。

⑤系统采用闭式定压罐，对水系统进行定压、膨胀、补水。

⑥为办公租户计算机房设置专用租户冷却水系统，选用开式冷却塔置于各自办公屋面，开式冷却塔冷却水经板式换热器后供至各租户。租户冷却水泵置于屋面专用机房内，租户冷却水系统相关冷却塔及水泵均需 24h 供电。

3）空调风系统

①多功能厅、酒店大堂、办公大堂、商业走道等大空间采用定风量一次回风式全空气低速空调系统，空调箱设有粗、中效过滤和加湿等功能（风机设有变频调速控制），气流组织为上供上回。空调箱设置在空调机房内，空调箱设有粗、中效过滤，以及表冷、加湿、杀菌等功能满足各房间的新风量要求。设置纳米光子净化设备，空调箱采用湿膜加湿方式。

②小空间如客房、办公室等采用风机盘管加新风的空气 – 水系统。室外新风经新

风处理机处理后直接送入室内。夏季新风经表冷器降温降湿处理至与室内空气等焓；冬季新风经加热处理到室内温度，新风冬季设湿膜加湿，保证室内湿度。

③ B1 ~ B6 商业等采用热泵型变制冷剂流量分体多联式空调系统，室内机为（卡式或顶棚嵌入式或顶棚内藏风管式），并设新风机组供新风。

④游泳池采用空调、除湿和池水加热一体的热泵系统，回收并综合利用能量。

⑤酒店、公寓、办公的新风机组为转轮热回收机组，转轮的全热和显热热回收效率不低于60％。

⑥气流组织形式：一般房间的气流组织形式为顶送顶回；层高较高的区域为侧送侧回；办公大堂采用分层空调，送风方式有利于减少非空调区域向空调区域的负荷转移。

4）通风设计

①所有全空气空调系统均配置与空调送风量相对应的过渡季排风系统以及与空调季送入新风量相对应的空调季排风系统，通过 BAS 的焓值控制程序的控制，使整个空调系统在过渡季利用室外新风实现免费冷却，或在特殊需要时进行全新风直流式通风换气。

②对空调季内受 CO_2 浓度传感器控制新风送入量的系统，其配置的排风机采用变频调速装置，使空调房间保持必要的正压。当该系统进入过渡季全新风工况运行时，CO_2 浓度传感器及其控制系统自动停止工作。

③集中空调区域设排风系统，用以平衡新风量，并保证空调区域微正压。

（2）设计特点

1）根据该项目功能多样的特点，采用不同的冷热源系统、通风系统等，满足各功能用房使用的需求。

2）冷源机房采用了大小机组相结合的配置，能有效地适应负荷变化的要求，防止"大马拉小车"的浪费现象。

3）空调冷水系统采用一次泵变流量控制。

4）空调冷水和热水循环系统采用变流量控制，并且对二次循环水泵采用变频调速和台数控制。

5）利用制冷系统冷却塔冬季免费供冷系统。

6）汽－水热交换机组之后加设了一台水—水热交换器，通过热交换机组产生的一次凝结水预热系统回水，从而达到热回收节约能耗的作用。

3. 给水排水

（1）给水

一期住宅建筑及二期公共建筑分别设置一路市政给水引入管供建筑生活用水。

一期住宅建筑根据总平面布置及住宅建筑规模设置2座生活蓄水池及生活泵房。二期公共建筑设置一座生活蓄水池及生活泵房。两座塔楼分别设置生活水泵泵组加压供水。

一期住宅建筑根据市政供水压力及规范规定的分区最大静水压力设置给水分区。为保证停电状态时有一定的供水能力，高层住宅建筑采用屋顶水箱重力供水，顶部3层局部增压，水箱重力供水管竖向分区减压供水。

二期公共建筑根据市政供水压力及规范规定的分区最大静水压力以及建筑内各层功能及避难层设置给水分区。各分区供水形式根据各层功能、用水时间及用水压力确定。办公层生活用水于避难层设置水箱重力供水。酒店及公寓设置恒压变频泵组供水。办公层各公共卫生间设置分散式容积式电热水器供应热水。酒店及公寓分别设置集中热水系统，热源为楼内锅炉房提供的高温热水，并设置空气源热泵热水机组作为预热热源，满足节能需求。酒店及公寓集中热水系统分区与给水系统保持一致。酒店内游泳池平时保温采用空气源热泵热水机组。

（2）排水

各建筑室内采用雨污分流，污废合流的排水系统。生活污、废水排水立管均设置专用通气立管。商业公共卫生间另加设环形通气管。

建筑高度大于100m的单体，排水主管于避难层设置消能装置。

各建筑屋面雨水排水及阳台雨水分别设置雨水排水立管。高度大于100m的建筑屋面雨水排入的第一个室外检查井采用消能井。

（3）消防

一期住宅建筑、二期公共建筑均按现行规范设置室内外消防系统。

整个地块设置2路市政供水引入管进入形成室外消防环网提供室外消防用水。

一期住宅建筑及二期公共建筑分别设置消防蓄水池满足室内消防用水量需求。各建筑按现行规范要求设置室内消火栓系统、自动喷水灭火系统、气体灭火系统及水喷雾灭火系统。

二期地下室锅炉房及备用柴油发电机房设置的水喷雾灭火系统与酒店、公寓设置的自动喷水灭火系统合并设置一套加压泵组。

4. 电气及智能化

该项目电气设计范围包括配电设计、照明设计、建筑物防雷与接地设计、建筑智能化系统设计。

超高层建筑和地库等公共部位采用集中报警系统，与监控中心一同管理使用，分楼分区分设区域消防控制设备，由感烟探测器、感温探测器、手动报警按钮、警铃、消防广播扬声器、消防电话、楼层显示器等设备组成。优先考虑高效、节能、无害无毒及低噪声设备和材料。电气柜应可锁定限制人员出入并有保护盖，以防接触带电电气装置。用线管保护走线，且耐温硬质绝缘物体机械固定。线管将作保护，防止机械性断裂。

公共建筑地块用户站供电区域采取高供高量，在各 10kV 变电所的门高压配电室设置由供电部提供的量柜。用户站低压侧按回路独立计量。在每台 10kV 变压器低压侧 (AC 230V/400V) 总进线处，设置数字式多功能电力仪表。在变电所低压配电出线端，对照明用电、空调用电、动力用电、各科室办公、商业租户等用电均设置数字式多功能电力仪表。商业租户按户计量，设置数字式预付费电表。

依据工程特点，并按绿色、节能、环保等为设计宗旨，规划该项目的弱电智能化功能，以保证建筑设备的安全、可靠运行，实现对能源和人力的优化管理，并为用户提供安全、高效、舒适、便利的建筑环境。

（1）建立建筑数字化网络安全防范平台，除了可对各个区域进行自身的安全防范系统进行管理外，还能通过大楼安防控制中心，对项目内安全防范系统进行统筹管理与监测，以满足安全保安工作的需求，同时留有与 110 或区域报警中心联网的通信接口。安保控制中心设置在一层（与消防控制中心合用），控制中心应能显示该项目的安防的运行状态和报警信息。

（2）建立建筑智能化综合布线系统平台，以光／铜缆的基础物理链路，为各区域提供语音、数据、图像等各类信息通信的链路。在地下一层靠近外墙区域设置中国电信、中国联通、中国移动等电信业务经营者的通信接入机房，设置各家单位的光电传输设备、语音和数据的接入和交换等通信设备，为整个项目各功能区域提供通信服务。

（3）建立建筑设备管理系统平台，确保各类设备系统运行稳定、安全和可靠，并满足节能环保的要求。

（4）弱电系统设计应以整合整个基地中心的建筑资源和物业管理服务资源，充分利用计算机网络管理设备和建筑智能化系统设备的优势，合理调配各类资源，大幅提升其整体形象。

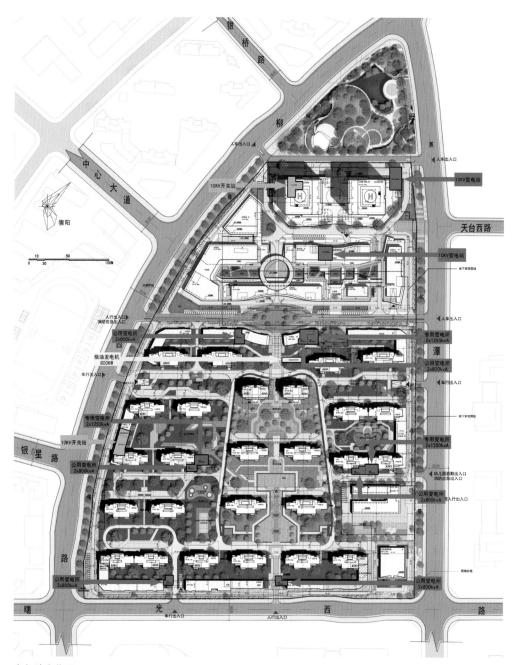

电气站房位置图

04/ 应用效果

　　该项目营造开放融合、生态和谐、高效便利、特色鲜明的国际化城市建设范本街区，旨在打造国际、经典、开放的综合街区，结合区域特征与生活愿景，着重唯一性与体验式场景打造，在街区营造中引入国际开放街区概念，打造开放包容、体验感强的场景式商业街区。形成舒适安全、以人为本、慢行开放、功能复合、空间丰富、环境优美的国际化街区形象，实现功能化、场景化、智慧化和精细化的全面提升。

整体透视图

Central City Urban Mixed-Use City

中心城区城市综合体

北京金融街中心区活力中心
三亚湾红树林度假世界
西宁市中心广场北扩及综合安置区

北京金融街中心区活力中心

01/ 项目概况

北京金融街中心区活力中心项目位于北京市西城区，功能包括写字楼、酒店、商业中心、公寓、商街、地下工程等，建筑规模 60 余万 m²。项目旨在西城区内制造一个国际化、标志性的目的地，在保持城市发展与优良环境的前提下，满足城市居民一年四季、日夜不息的生活活动需要。

02/ 设计理念

规划设计将各街区零散绿地集中重组为开放型城市公园，从而使这一新型商务中心区获得社会效益、经济效益与环境效益的"三效共赢"。同时，将建筑空间、园林景观、细部设计、夜景照明等众多要素有机整合深度精细化设计，全面打造这一新型商务中心区的高品质城市环境与精品建筑组群。

该项目集住宅、办公、零售、娱乐、餐饮等诸多功能于一体，共设五大街区，其中 F1、F2、F4 为商业、办公、公寓街区，F5、F6 为中心公园，F7、F9 为购物中心、

建筑空间及园林景观

夜景照明

酒店街区，多功能的社区使中心公园充满活力。以人为中心重点设计的中心公园，位于项目的中心位置，以整体环境综合各项活动，通过贯穿于项目的一体化设计策略。

（1）标志性开阔的公共绿地，确保能够深入每个街区，自由畅通。

（2）四处遍布的公共设施，满足日夜不息、生机勃勃的生活活动需要。

（3）标志性塔楼，加深区域形象，提高其身份和价值。

（4）一流的办公场所，确保房地产巨大的潜在升值。

（5）多功能集成的城市特征，协调整个城区的风貌，创造一种变幻有致的和谐与完美。

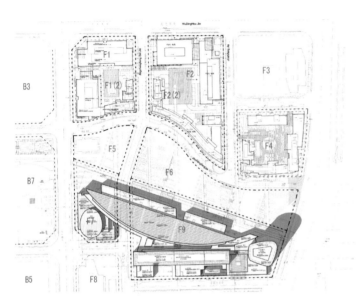

总平面示意图

生机勃勃的商街

和谐的城市风貌

一流的办公场所

地标性的酒店

完善的配套购物中心

03/ 技术亮点

1．结构和材料

　　该子项工程位于北京市西城区金融街与二环路地区 F7、F9 地块上，总建筑面积约 19.25 万 m²。F7 地块的西边为剧院、东边为零售商店，地上 5 层，地下 3 层，地面至屋顶最高点为 29m；F9 地块的东部地上为一 18 层的酒店，地下 3 层，地上高度为 66.50m；F7 与 F9 地块之间地上为 5 层的商场和体育中心，地下为 3 ~ 4 层，该部分建筑跨过中间的道路，地上至屋顶的最高点为 36.25m，屋面为张弦梁钢结构，长约 243m，宽约 3 ~ 35m。因其巨型体积，由抗震缝分割为 5 个独立的子结构。除 F9 酒店部分结构形式为钢筋混凝土框架 – 核心筒结构外，其余均为全现浇钢筋混凝土框架剪力墙结构。基础形式除酒店下采用平板式筏基，其余部分均为扩展式基础或条形基础以及局部筏基加抗水板的基础形式。地下四层及局部地下三层为六级人防，战时用途为物资库，平时用途为汽车库。

　　该子项工程 ±0.000 相当于绝对标高为 47.2m。根据工程地质勘察报告，建筑场地类别为 Ⅱ 类。

　　该工程建筑结构安全等级二级，设计使用年限 50 年；混凝土结构的环境类别地上及地下室内为一类，地下室外墙、基础底板及室外覆土下的地下室顶板为二 b 类。

　　该工程抗震设防烈度为 8 度，第一组，根据使用功能重要性确定本工程为丙类建筑。

　　该工程框架剪力墙结构的框架抗震等级为二级、框架 – 核心筒结构的框架抗震等

现场施工照片

级为一级，剪力墙及核心筒抗震等级均为一级；部分框支层框架抗震等级为一级。地下二层及以下的框架和剪力墙抗震等级均按三级设计。

该工程建筑物耐火等级为一级，主要受力构件耐火极限：钢筋混凝土柱墙为不小于 3h，现浇梁板为不小于 2h。

自然条件：基本风压为 0.45kN/m^2、地面粗糙度为 D 类，基本雪压为 0.4kN/m^2，标准冻深为 0.8m。

2. 暖通空调

（1）空调夏季集中冷源为设在地下二层的 6 台离心式冷水机组。夏季冷水供／回水温度为 5.6℃/13.3℃。设置两个独立的制冷机房，分别为文化中心／商场和酒店／俱乐部提供空调冷水。冷却塔设在五层屋面。夏季冷却水供／回水温度为 29.5℃/35℃。商场的制冷机房内设有 4 台冷水机组，总制冷量为 14000kW。俱乐部的制冷机房内设有 2 台冷水机组，总制冷量为 7000kW。其中 1 台冷却塔设电加热，当室外温度低于 15℃时，冷水机组停止运行，通过冷却塔及板式换热器为空调系统提供 7.7℃/14.4℃的冷水，总冷量为 1800kW。空调冬季热源采用市政热力，一次热水供／回水温度为 110℃/70℃，二次热水供／回水温度为 60℃/50℃，热交换站设在地下二层。设置两个独立的换热站，分别为文化中心／商场和酒店／俱乐部提供空调热水。由于运营时间不同，由 2 台风冷模块式冷水机组作为商场部分三~五层餐饮冷热源。

（2）空调水系统采用四管制一次泵冷热源侧定流量设计，管路为异程式。风盘管路和空调机组管路分开设置，有利水力平衡。

（3）末端系统，商铺内区采用全空气空调系统；外区（沿外围护结构5m范围）采用风机盘管系统；风机盘管负担围护结构冷热负荷；餐厅采用全空气空调系统，过渡季节全新运行。

3. 给水排水

（1）给水系统包括商业、影剧院、俱乐部用水，最高用水点标高约23.00m，水压要求与市政压力相差有限。为有效利用外网压力、节省运行费用，设一套无负压管网增压稳流供水设备。该套设备供给非酒店区域各用水点的生活给水，其吸入口设紫外线消毒器两台（并联）进行二次消毒。俱乐部区域内桑拿、泳池及卫生间设计量水表。

（2）中水机房设于地下三层，中水源水量为221m³/d，设计小时处理水量为14m³/h。中水回用量204m³/d。中水供水系统设高、低区变频供水泵组，分区及对变频供水泵组的要求同酒店生活给水系统。

（3）热水系统分为生活热水、地热水两个系统，其水质与生活给水水质要求相同。非酒店最高日热水量为228m³/d，最大时热水量为26.3m³/h，耗热量为1529kW，其中地热水最高日用水量为27m³/d，最大时用水量为3.8m³/h，耗热量221kW。商场生活热水系统为下供下回方式，干管设于地下二层顶板下。热循环到器具。地热水系

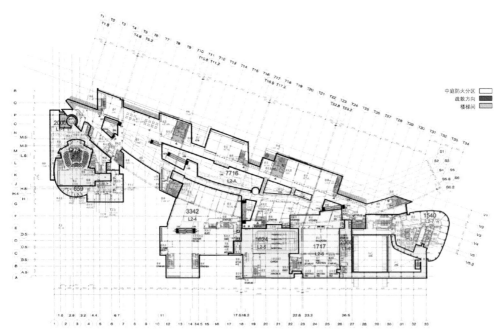

消防论证示意图

统为下供下回方式，干管设于地下二层顶板下。热循环到器具。换热站为本系统预留支路，地热水机房应设切换阀门。上述各系统中热水温度60℃。酒店泳池池水加热量73kW，俱乐部泳池池水加热量467kW。热媒为95℃/70℃的热水，由换热站提供。

（4）排水系统为污废水分流制，污水经室外化粪池处理后排入市政污水管网，洗浴废水排入中水机房作为中水水源。其他废水排入室外雨水井。首层以上的排水为重力流排水，汇合后于地下一层顶板下出户排入室外检查井。首层以下排水排入污、废水泵坑，经潜水排水泵提升汇合后至地下一层顶板下

中庭实景图

排入室外检查井。各泵坑设2台排水泵，互为备用，轮换工作。排水泵启停由水位控制，当水位达到启泵水位时，1台排水泵启动，当水位继续上升至最高水位时，2台排水泵同时投入工作。当水位达到报警水位时，有声响及灯光向值班室报警。当降至最低水位时停泵。卫生间排水设专用通气管，连接器具多于6个便器的排水支管设环型通气管。

（5）该项目设置室内外消火栓系统、自动喷水灭火系统、消防水炮系统和气体灭火系统。F7、F9大厦消防超规，进行消防论证。论证结果：防火分区调整、楼板填补、功能变更以及增加自动射流水炮。

4. 电气及智能化

（1）强电设计内容：变配电系统，照明（普通照明、应急照明）系统，动力系统（应急动力、普通动力），防雷接地及等电位联结，人防工程电气系统。

（2）电源：设5个变配电室，分别管理酒店（H）、俱乐部（C）、商业车库（R）及剧院（预留），各变配电室均由双路10kV电源供电。室外电缆通过进户人孔井引入

建筑物，电缆分界小室共两处，均设置在地下一层。酒店和俱乐部设置一个电缆分界小室，商业和剧院（预留）设置一个电缆分界小室。

（3）自备应急柴油发电机组：酒店安装备用功率为 1200kW，400V/230V，50Hz 的应急柴油发电机组 2 台，设置于地下一层专用机房内，闭式水冷却方式，机房内设 1m³ 全自动日用油箱，室外油罐的容量须满足两台机组连续 8h 运行所需的油量。

（4）酒店部分的负荷分级：一级负荷包括应急照明、消防电梯、排烟风机、正压送风机、电动防火卷帘门、疏散通道上的自动门、与消防相关的弱电设备用电、消火栓泵、喷淋泵、消防稳压泵、地下层污水泵。此部分负荷由双路电源供电，末端自投自复，自备应急柴油发电机组作为后备电源。二级负荷包括所有厨房冷冻柜，酒店生活水泵、热水泵、中水泵，首层全天餐厅和二层中餐厅及其厨房的照明、动力、空调用电，宴会厅的照明用电，酒店空调系统中的一套制冷机、循环泵、冷却塔；酒店所有电梯。三级负荷为酒店内不属于一、二级的负荷。

（5）俱乐部、商场部分的负荷分级：一级负荷包括应急照明、消防电梯、排烟风机、正压送风机、电动防火卷帘门、疏散通道上的自动门、与消防相关的弱电设备用电、消火栓泵、喷淋泵、消防稳压泵、地下层污水泵。此部分负荷由双路电源供电，末端自投自复。二级负荷包括商场营业备用照明、扶梯、货梯、客梯。三级负荷为不属于一、二级的负荷。

（6）高压系统：高压双路 10kV 电源，正常情况下，两路电源同时供电，当其中一路发生故障时，另外一路应能负担整个工程的全部负荷。主接线为单母线分段运行方式，中间设置联络开关，母联断路器采用手动投入方式，并设机械与电气闭锁，防误操作。

（7）低压系统：采用单母线分段运行方式，中间设置联络开关，平时分列运行，当一台变压器故障时，低压母联开关合闸，由另一台变压器供电；变电所外采用放射式与树干式相结合的配电方式，对于重要负荷，如消防用电设备（消防水泵、防排烟风机、加压风机、消防电梯等）、信息网络设备、消防控制室、电话机房等均采用双回路专用电缆供电，在最末一级配电箱处设双电源自投，自投方式为自投自复。对于较集中的大容量负荷采用放射式配电，对于较分散的小容量负荷采用树干式配电。

（8）计量：在变配电室的双路高压进线电源处设专用计量柜，装有有功电度表、无功电度表、峰谷表，并装有断相失压报警装置并自动记录失压时间，按供电局要求装设无线负荷控制装置。为方便今后管理，对有可能需要单独计量的用户，如商业、餐饮等在低压侧预留加装有功电度表空间。

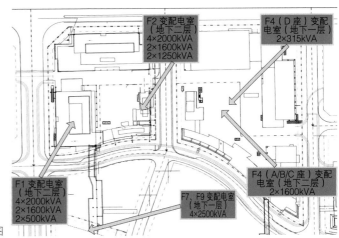

变配电室位置分布图

（9）弱电智能化工程包括以下系统：火灾自动报警控制系统、有线电视系统、综合布线系统、保安监控系统、大厦设备及能源电脑管理系统（楼宇自动控制系统）、背景音乐及紧急广播系统、卫星电视信号接收系统、专用无线对讲通信系统、公共无线通信信号放大系统（由公众通信网运营公司设计施工）、酒店客房控制及管理系统、酒店电话交换机系统（由业主与酒店物业管理单位结合，在设备招标中解决）、会议室、多功能厅、宴会厅等厅堂扩音、同声传译及多媒体演示系统（二次装修工程解决）、地下停车场管理系统、出入口管理系统、计算机网络系统（由弱电系统集成商结合各部分功能区及其业主、租户的使用要求进行设计、配置）、智能建筑系统集成。

（10）控制与管理：采用分散与集中管理相结合的控制方式，F7、F9将整个建筑按照功能区分为4个控制分中心（健身俱乐部、商场、星级酒店、地下车库），其中地下车库控制中心兼作F7、F9建筑的总控制中心；各分中心设置相对独立的控制设备，独立值班，按照各自负责的维护区域分担责任，由总控中心统一协调。中央控制室及各分控室均设置在地下一层。

04/ 应用效果

该项目被评为北京市第十四届优秀工程设计奖二等奖，二〇〇九年度全国优秀工程勘察设计行业奖建筑工程二等奖等。

三亚湾红树林度假世界

01/ 项目概况

　　该项目位于三亚市月川片区，距凤凰机场 9km，在未来三亚新的行政中心区附近，距离海滨大约 2km，总规划用地为 26.50hm²，总建筑面积约 68 万 m²，其中地上面积为 44 万 m²，地下面积为 24 万 m²，容积率 1.77，建筑密度 33.28%，绿地率 40%，总停车位 1636 辆，五星级标准客房 3725 间。

02/ 设计理念

　　该项目以"全生活"概念为主导，建设有五星级酒店楼群、会展中心、商业中心、风情商街、美食街、水上乐园等丰富齐全的娱乐休闲设施。

　　酒店的重新定位：从"度假配套设施"到"自身就是度假目的地"。随着大众观光旅游向休闲度假的重心偏移，酒店已不仅是旅游观光途中提供住宿的"配套设施"，

"穿越"————一种沉浸于现实的超现实体验

其自身已成为全方位为度假生活方式提供服务的空间环境载体。度假酒店正在从单一住宿消费向综合功能消费、文化消费，即生活方式消费转型。本项目尝试打造为整合文化、艺术、时尚、娱乐、购物、养生等众多度假生活元素于一体的新型度假目的地。

休闲度假意味着生活方式的"穿越"：一种沉浸于现实的超现实体验。为将自身塑造为独具魅力的度假目的地，建筑设计策略的核心就是创造差异化生活方式的"穿越"感：从日常现实生活方式"穿越"到仿佛超现实的度假生活中，提供给人们日常生活所无法获得的差异化体验与感受。

异域风情的商街

酒店之城、城中之城——围合式的酒店群与商业街

一座酒店一座城：酒店之城、城中之城。满足全方位度假生活需求，意味着一座酒店就是一座休闲、娱乐、生活城。"酒店之城"建筑群分三个圈层展开：结合中心景观、生态绿核规划为第一圈层水上乐园；环绕其外为充分展现异域风情的商街、美食街；外侧沿路的酒店客房楼群为第三圈层，整体形成半环形围合空间格局，在充分适应地区气候特征的同时，水上乐园、商街向周边城市街区完全开放，成为与城市资源共享、人流无阻、繁荣共建的"城中之城"。

建筑的"基础设施规划"：酒店群后台系统高度复杂的设计整合。针对这一体量庞大、

与城市资源共享、人流无阻、繁荣共建的"城中之城"

酒店群的后台系统通过设计进行高度整合

功能复杂的巨型"酒店之城"，建筑设计参考城市基础设施规划的方法，以"地下道路规划"为主干，将统一能源中心、大型冰蓄冷中心等各项机电系统与中心洗衣站、物流中转区、分区厨房供应站等后台辅助系统逐一梳理、系统整合，最终实现了建成后整体联动、一体运营的预定目标。

03/ 技术亮点

1. 结构和材料

　　该项目中的多层大空间会展中心，框架梁跨度 25m 左右，采用了后张法有粘结预应力混凝土梁，预应力框架梁中间采用井字梁楼盖，充分满足建筑层高要求，因夹层中心大开洞，楼板采用弹性楼板模拟，按实际考虑楼板面内刚度，并在大开洞周边采取了增加板厚及钢筋等加强措施。屋顶 14m×51m 大空间采用空间网架钢结构体系，大跨度混凝土梁、屋顶钢网架均满足中震不屈服要求，支撑网架和大跨度梁的混凝土柱满足中震弹性要求。

　　针对该项目中的超长地下室且上部荷载差异较大的情况，对楼板进行了温度应力作用下的楼板应力分析，且设置多条后浇带并在混凝土中添加适量的建筑纤维方式，并且在应力较大位置框架梁采用预应力混凝土梁，楼板设温度预应力筋。

2. 暖通空调

　　（1）该项目设置三个冷源中心。在 2 号楼地下室设集中制冷机房，负担 1 ~ 3 号楼；在 4 号楼地下室设集中制冷机房负担 4、5 号楼；在 6 号楼地下室设集中制冷机房负担 5 ~ 8 号（裙房）楼；采用部分负荷冰蓄冷加机载冷机系统，补水由专用泵吸消防水池水补给。冷却塔设水位信号控制补水泵的起停。下文以 4 号楼地下制冷机房 3 号为例介绍。

　　（2）4 号楼地下二层 3 号制冷站设置冰蓄冷系统，系统采用部分蓄冰方式。冰蓄冷采用负荷均衡部分蓄冰模式内融冰串联式系统。常规供冷温度供应冷水。冰蓄冷蓄冰主机选用 3 台双工况离心机，单台冷机制冷量：空调工况 900 冷吨，进 / 出口温度为 6℃ /11℃；制冰工况 596 冷吨，进 / 出口温度为 -2.3℃ /-5.6℃，制冷剂冷媒为 134a。冰蓄冷基载冷机选用 4 台离心机，单台冷机制冷量：空调工况 900 冷吨，进 / 出口温度为 7℃ /12℃。制冷剂冷媒为 134a。冷却塔设在屋顶上，风机为变频风机。

（3）空调水系统采用两管制一次泵冷热源侧定流量设计，管路为异程式。根据建筑的使用功能，水路共分为 4 号楼商业风机盘管、4 号楼商业新风机组、4 号楼商业空调机组、4 号楼客房风机盘管、4 号楼客房新风机组等环路。空调机组、新风机组处设压差平衡型电动调节阀，空调水立管各层分支处设静态平衡阀。

（4）室内空调系统：客房部分设风机盘管加新风系统，商务办公、底商用房，设风机盘管 + 新风系统；宴会厅等大空间采用全空气空调系统；过渡季节实现 70% 热回收系统；庭院商业网点：采用分散式分体空调，便于计量和灵活控制。

3. 给水排水

（1）生活给水系统：凤凰路、河东路上引入市政给水干管各开 DN300 接口一个，接入 DN150 的管，装 DN100 的水表。市政引入管总水表后管道呈环布置，为该项目供水。为充分利用市政水压力，市政水可以满足的地方如运河商业街、地下餐馆及地下室等给水由环状管道直接供水。项目最高日用水量为 7084m³/d。生活水箱及水泵房设于地下层。小区内设三个给水泵站中心：第一给水泵站：1 ~ 3 号楼会展中心和会展酒店组及办公第二给水泵站：4、5 号楼酒店组；第三给水泵站：6 号酒店组和 7、8 号楼酒店组地上部分给水由二次加压供给，高层建筑采用变频垂直分区供水方式。

（2）生活热水系统热源采用太阳能集热系统、风冷热泵与地源热泵两套热源。平时使用太阳能热水系统供生活热水，当遇维修或因天气原因不能满足要求时采用风冷热泵与地源热泵供生活热水。太阳能热水系统采用强制循环直接加热系统，集热器拟采用金属 – 玻璃真空管型集热器；供冷季利用空调冷负荷作为冷热源，采用高温型地源热泵机组为生活热水提供热量，在非供冷季由高温型风冷热泵作为生活热水热源，同时风冷热泵作为生活热水的全年保障热源。洗衣机房热源为燃气蒸汽锅炉，蒸汽量 25920kg/h。

4. 电气及智能化

（1）电力工程：总用电量为 39004kW。由市政提供六路 10kV 电源，分三组分别从河东路与凤凰路采用电缆排管埋地敷设方式引入地下层的三个总变电所，再从总变电所引出 10kV 电缆，通过室内线槽敷设到各个分变电所。每组市电的两路电源同时使用，每路均能独立承担主要负荷。每个分区除了两路 10kV 电源供电外，还设有柴油发电机

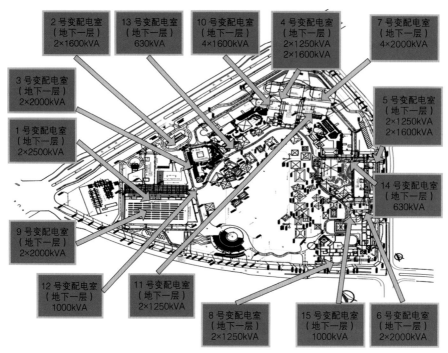

变电所位置分布图

组作为备用电源。

该项目共设 15 个 10kV 变电所，其中 2 号、4 号、6 号变电所为总变电所，其他为分变电所。

（2）电信工程

该项目区总的语音点数为 11400，其中直线电话 3000 点，在 6 号楼设置运营商模块局，其他建筑根据需求设置 8 个用户小型交换机，总容量 14000 门，中继线总数 900 条。

（3）安防中心

在 5 号楼设安防总控中心，1 ~ 8 号楼分设 8 个安防分控中心，通过光纤介质与总控中心联网，总控中心只监不控；安防中心与消防中心合设。

（4）有线电视和卫星电视系统

在 6 号楼屋顶设卫星电视接收机房，并在其地下室设置有线电视机房，为各楼提供有线电视信号。

（5）综合布线系统

在 6 号楼设置网络中心，引出光缆到各区域弱电间，再通过综合布线系统配送至用户终端。

（6）消防安防系统

设有火灾自动报警及消防联动系统、紧急广播系统、电气火灾监控系统；安全防范系统（包括视频监控系统、入侵报警系统、一卡通管理系统、消费管理系统、考勤系统、门禁管理系统、停车场管理系统、电梯控制管理系统、酒店客房电子锁系统、巡更系统等）；各个消防、安防分控中心的信号由光纤传输接入 6 号楼主控制中心。

（7）建筑设备监控及客房管理系统

设置楼宇自控系统、酒店客房控制及管理系统，同时将各智能化系统进行集成后由统一平台进行管理等。

（8）音响系统

设置背景音乐及会议室、多功能厅、宴会厅等扩音、同声传译及多媒体演示系统等。

04/ 应用效果

该项目被评为 2017 年"北京市优秀工程勘察设计奖"，综合奖（公共建筑）三等奖。

实景照片

西宁市中心广场北扩及综合安置区

01/ 项目概况

该项目基地位于西宁市中心，即十字形格局的中心位置，用地西侧邻近南川河，南侧比邻现有中心广场，地势呈南高北低，东高西低。西宁市中心广场北侧片区以长江路为界，可分为西区——市民活动广场区，东区——商务中心区以及长江路下方的地下空间开发。

项目总用地面积243080m²，其中东区用地面积116653m²，功能包括办公、酒店、公寓、商业等，地上建筑面积约962617m²。西区及长江路总用地面积126427m²，地上为城市展览馆、青少年活动中心，建筑面积约28500m²；地下为商业、地下交通设施、车库等。

中心广场北扩综合安置区建设地点位于西宁市城中区长江路以东，西宁市地税局以南。该项目分A、B、C、D四栋楼，其中A、B、C楼主要功能为酒店，D楼主要功能为办公。该工程用地红线内面积21071.2m²，其中代征道路面积1429m²，规划建设用地面积19642.2m²（规划建设用地面积＝用地红线内面积－代征道路面积）。A、B、C、D楼总建筑面积269640.74m²，其中地上建筑面积218630.42m²，地下建筑面积51010.32m²。

02/ 设计理念

1. 打造超算数据科技领域的"海洋之石"

　　A、B、C楼的立面肌理源自青海湖畔的层层浪花，将浪花的曲线提取并加以整理后就形成了自身独特的建筑立面。D楼立面肌理提取自青藏地区独特的文化符号——玛尼堆；与A、B、C楼组合在一起，期望用建筑的形式将青海特有的自然人文景观展现出来。

"海洋之石"独特的建筑立面

2. 三大中心、三大公园、三大商圈

　　三大中心：沿长江路沿线由北向南分别塑造连续一字排开的商贸服务中心、商务金融中心、商业娱乐中心。

　　三大公园：沿南川河沿线由北向南分别塑造文化公园、中心广场以及南端的体育公园。

　　三大中心与三大公园之间相互连通渗透，实现不同空间属性之间的沟通与交织。

　　三大商圈：商业巷商业副中心、北大街商圈、水井巷城市商业中心。三大商圈相互连通、相互渗透，形成整体的商业微循环体系，提升了大区域的商业价值。

03/ 技术亮点

1. 结构和材料

　　该项目包括D栋185.5m超高层写字楼，地上45层，地下4层，筏板基础埋深18.25m；A、B、C三栋接近100m的办公楼以及裙房商业与酒店等综合服务设施，A楼95.1m，地上26层，地下4层，筏板基础埋深18.10m；B楼90.6m，地上23层，地下4层，筏板基础埋深18.25m；C楼99.5m，地上27层，地下4层，筏板基础埋深 18.25m。地下 4 层，主要包括酒店配套用房、车库与设备机房等辅助设施。

该工程抗震设防类别为标准设防，抗震设防烈度为 7 度 0.10g 第三组，结构安全等级为二级（D 楼为一级）；建筑场地类别为 Ⅱ 类；A、B、C 楼主楼结构形式为现浇混凝土框架 – 核心筒结构，框架抗震等级为二级，抗震墙抗震等级为二级；D 楼主楼结构形式为型钢混凝土框架 – 钢筋混凝土核心筒结构，框架抗震等级为二级，抗震墙抗震等级为二级；A、B、C 楼基础形式为筏板基础，基础持力层为中风化泥岩，承载力特征值为 680kPa；D 楼基础形式为桩筏基础，基桩桩端持力层为微风化泥岩，桩长 25m，桩径 1000mm，单桩承载力特征值为 10000kN；桩端采用后压浆技术提高单桩承载力。

D 楼结构属于 B 级高度的超高层建筑，本单体采用性能化设计，依据超限审查结论，对本单体采用如下加强措施：性能化设计，满足结构在多遇地震作用下结构构件弹性，在设防地震作用下核心筒底部加强区抗震墙抗剪弹性；二十六层以下为框架柱为型钢混凝土柱，增加构件延性。

2. 暖通空调

（1）考虑到该项目回迁安置的特点，A、B 楼热源单独设置，C、D 楼合用热源，广场商业区单独设置，均采用承压燃气热水锅炉。根据当地气候特点及建筑功能，A、B、C 楼单独设置冷源，D 楼及广场商业区不设置冷源，空调冷源由冷水机组提供，冷水供／回水温度为 7℃/12℃。冷却塔设在各楼屋顶上。

（2）空调冷水系统为变流量系统。空调冷水系统立管根据不同设备采用同程式和异程式系统，系统最大工作压力为 2.0MPa。

（3）以 D 楼为例，空调热水系统分为两个区，十一层及以下为供暖低区，十二层及以上为供暖高区，利用高位水箱定压。热水采用二次泵变水量的系统形式，一次泵为定流量水泵，二次泵采用变频水泵，通过板式换热机组进行换热，以保证一二次水系统彼此独立运行。供暖高区系统最大工作压力为 1.8MPa，低区系统最大工作压力为 0.8MPa。供暖立管采用双管下供下回异程式系统，各层水平管采用双管异程式系统，管道埋地敷设。

（4)A、B、C、D 各楼夏季设置风机盘管加新风空调系统，冬季设置散热器供暖系统。

（5）广场区设置双风机机械通风系统，夏季加大室外新风量，利用室外新风消除室内余热，冬季对室外新风进行处理后送入室内，负担新风负荷，并设置散热器供暖系统。

总平面图

效果图

地下商业中心
效果图

当地夏季气候干燥凉爽，广场区地下商业利用室外新风消除室内余热，降低了能耗，起到节能效果。

D 楼供暖系统采用板式换热机组分区串联，降低各分区系统工作压力。空调水系统采用一次泵变流量、两管制系统，末端变流量。在空调分集水器之间装设压差旁通控制阀，以控制末端供回水压差，根据末端负荷需求控制旁通流量保证冷机运行效率。

3. 给水排水

（1）给水系统：按供水压力及使用功能分区，其中各楼地下四层～地上二层采用市政供水。A 楼：三～十一层为加压低区（由变频泵供给），十二～十九层为加压中区（由变频泵供给），二十～二十六层为加压高区（由变频泵供给）；B 楼：三～六层为加压低区（由变频泵供给），七～十七层为加压中区（由变频泵供给），十八～二十五层为加压高区（由变频泵供给）；C 楼：三～六层为加压低区（由变频泵供给），七～十四层为客房加压低区（由变频泵供给），十五～二十一层为客房加压中区（由变频泵供给），二十二～二十七层为客房加压高区（由变频泵供给）；D 楼：三～七层为加压低区（由避难层的生活水箱重力供水），八～二十二层为加压中区（由避难层的生活水箱重力供水），二十三～三十二层为加压高区（由避难层的生活水箱重力供水），三十三～四十五层为加压超高区（由变频泵供给）。

（2）热水系统：A、B、C 楼酒店客房部分采用全日制集中热水供应系统，其余部位内卫生间、厨房预留电热水器条件，业主自行安装；D 楼不设置集中热水系统，楼内各卫生间预留电热水器条件。热源采用太阳能集中供热系统，非晴好天气日照不足时采用燃气锅炉作为辅助热源，保证热源供给。A 楼太阳能集热装置及设备布置在二十六层太阳能机房内；B 楼太阳能集热装置及设备布置在二十五层太阳能机房内；C 楼太阳能集热装置及设备布置在二十七层太阳能机房内。热交换器采用双盘管容积式换热器。每个区设两个换热器（互为备用）。换热器集中设于地下热水机房内，A 楼独立设置，B、C 楼合用。热水压力分区与给水一致。

（3）排水系统：采用污废合流系统，生活污水经室外化粪池净化处理后排入市政排水管。首层以上的排水为重力流排水，汇合后于地下一层顶板下出户排入室外污水井。首层以下排水排入污水水泵坑，经潜水排水泵提升后至地下一层顶板下排入排水室外检查井。

（4）消防系统：A、B、C楼消防按照一类高层建筑设计，D楼消防按照超高层建筑设计，火灾次数为一次。该项目消防系统设计内容包括：室外消火栓系统、室内消火栓系统、湿式自动喷水灭火系统、自动扫描高空水炮灭火装置、气体灭火系统、灭火器配置系统。在地下消防泵房内设置594m³消防水池，分为独立工作的两格。D楼屋顶水箱间内设置有效容积为18m³的高位消防水箱及稳压泵。室内消火栓系统采用临时高压制系统，A楼室内消火栓系统竖向分高、低二区，十二～二十六层为高区，地下四～十一层为低区；B楼室内消火栓系统竖向分三区，十九～二十四层为高区，七～十八层为中区，转换层以下为低区；C楼室内消火栓系统竖向分三区，十八～二十七层为高区，七～十七层为中区，转换层以下为低区；D楼设超高、高、中、低四区，三十六～四十五层为超高区，二十六～三十五层为高区，十一～二十五层为中区，十层以下为低区；喷淋系统为临时高压制系统，室内喷淋系统竖向通过减压阀进行分区。在核心筒水井内设置消防环管及报警阀组。建筑物内净空高度超过12m的大堂区域设置自动扫描射水高空水炮灭火装置，和自动喷水灭火系统报警阀前的管网合用。根据消防规范要求及甲方提供的电气用房的重要性，对变配电室进行七氟丙烷气体灭火系统设计，采用七氟丙烷全淹没预制灭火系统。

4. 电气及智能化系统

（1）电气设计内容：10kV/0.4kV变配电系统、电力配电系统、照明系统、防雷接地及等电位联结系统、电气节能设计。

安置区部分由市政引来4路10kV电源，引入位于C楼地下二层的总变配电室，第一组双路市电为A楼、B楼和C楼酒店部分供电，第二组双路市电为C楼商业及地库、D楼、C、D楼制冷机房供电，每组市电为两路独立的10kV电源。10kV主接线为单母线分段运行方式，母线之间设联络开关。低压系统采用单母线分段，互为联络，设置应急电源母线段，采用柴油发电机组作为应急电源。变配电室布置深入负荷中心，共设置六座变配电室，其中6号设在D楼二十六层避难层。

中心广场部分由市政引入双路10kV电源，正常情况下，两路电源同时供电，互为备用。变配电室布置深入负荷中心，共设置八座变配电室。

（2）火灾自动报警设计内容：火灾自动报警系统、消防联动控制系统、火灾应急广播系统、消防直通对讲电话系统、电梯监视控制系统、电气火灾监控报警系统、火灾应急照明及疏散指示系统、气体灭火系统、消防系统电源及接地。系统形式为控制中心

变配电室位置分布图

报警系统，B 楼设置消防控制中心，其他楼设消防控制室。

（3）智能化设计内容：安全技术防范系统（包括视频监控系统、电子巡查系统、停车场管理系统、出入口控制系统）、有线电视系统、通信及网络系统、综合布线系统、建筑设备监控系统、信息发布系统、智能化系统集成、酒店管理系统 PMS。移动通信信号覆盖系统由当地电信部门负责设计安装。

04/ 应用效果

该项目在 2014 年全国人民经典建筑规划设计方案竞赛活动中荣获规划、环境双金奖。

中心广场滨河效果图

Park/Town Complex

园区／小镇综合体

海淀区温泉镇『一镇一园』中关村创客小镇二期

北京市大兴区黄村镇商办项目

北京房山海悦城

海淀区温泉镇"一镇一园"中关村创客小镇二期

01/ 项目概况

　　该项目位于北京市海淀区连村三街创客小镇一期共享社的东侧；总用地面积为 11.74hm^2，总建筑面积 30.4 万 m^2，项目由 336 和 345 两个地块组成，整个建筑群由 23 栋建筑组成，使用功能包括人才公寓、专家公寓、创意办公、精品商业、特色酒店等。

　　整体规划将小镇核心设置在两个地块中间朝南的位置，将内部外部空间串联起来，

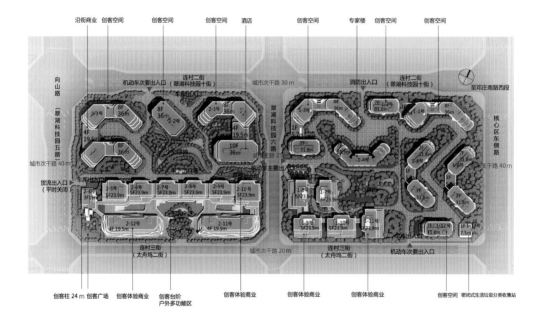

内外呼应。通过开放的建筑形态打开城市界面，将中央森林景观与南侧公园相连接。建筑功能、城市空间、下沉广场、景观等将整个园区连接在一起，提供完整的工作、居住、再教育、休闲、娱乐等综合社交网络。

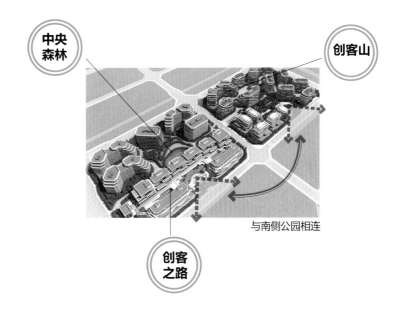

中央森林

创客山

创客之路

与南侧公园相连

02/ 创意构思

1. 将城市空间融入山水文化

　　将城市空间设计与文化定位穿插起来，以京西的山水文化作为设计元素，采用空中退台的手法，层层叠退，形成具有社交属性的室外绿色交流空间，在平台上更可以一览周边的山景，通过板式楼与点式楼的叠加组合，形成了一道独特、起伏灵动的山形般的天际线，将建筑自然地融进了周边的山水景观系统里。

2. 创建开源社交型社区

　　在优美的自然环境下创造宜人的工作居住环境；建立合理的功能分区；塑造符合企业精神和互联网科技时代的建筑群体形象。将项目打造成一个开放的社交型社区，为入住人群提供一个开放、

局部效果图

绿色、共享的社交网络。

通过开放空间界面向城市打开，同时以中心广场为核心，引入多元化的景观元素，由连廊和屋顶平台提供丰富连续的商业体验视角，成为创客人群聚会交流的场所，进而营造出一个独特的创客社交场。

商业布置与公共开敞空间联系在一起，增加了商业的展示面；

大组团方式提供开放性和多元性的休闲空间，倡导一种新的社交方式；

在社区与公园之间兴建城市公共休闲地带，形成区域标识，建立与城市的联系。

项目规划鸟瞰效果图
图片来源：北京码维东方
建筑工程咨询有限公司。

内街鸟瞰效果图
图片来源：北京码维东方
建筑工程咨询有限公司。

内街效果图
图片来源：北京码维东方建筑工程咨询有限公司。

03/ 技术特点

1. 建筑设计

（1）屋顶退台设计

利用退台形成的屋顶平台可以为在这里生活的人们提供一个最直接的体验。建成之后将作为城市田园生活体验示范平台，为都市人提供一个休闲社交的"新田地"的同时形成一个不同的都市新景观。

（2）山水元素贯穿景观设计

在中心下沉广场区域引入自然山脉的形态，挡土墙底部营造三组微地形，微地形以草坪地被植物为主，挡土墙设置一组平台，形成眺望台，兼作外摆区。

退台设计

施工照片

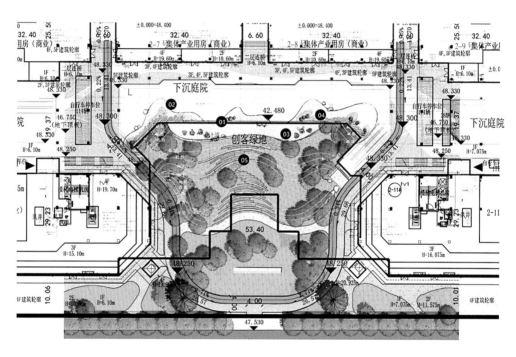

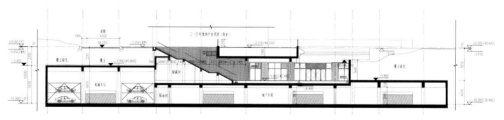

景观示意图

剪切式摩擦阻尼器   支撑式摩擦阻尼器

2. 结构和材料

（1）该项目部分建筑采用框支剪力墙结构体系，建筑功能一层开放式共享空间，二层及以上为居住功能房间，部分框支剪力墙结构能较好地实现和满足上属功能性。

（2）低密度办公区采用框架结构加阻尼器（采用减震措施），避免了高烈度地区（该项目抗震设防烈度 8 度）框架结构肥梁胖柱现象，提高了建筑楼层的使用面积和净高，增加了建筑的商业价值。

3.BIM 应用

该项目 BIM 应用主要集中在地下室和低层管线复杂的部分。在完成初版图纸之后，根据图纸建立建筑、结构、机电模型，在三维模型中验证设计成果。

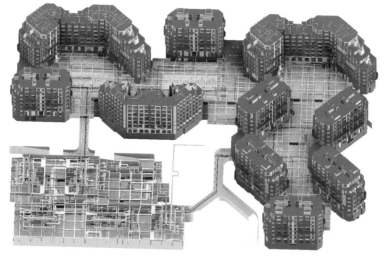

BIM 模型

BIM 技术应用于设计流程中，着力解决以下问题：一是直观全面的净高分析，找出了管线排布难点，优化管线路由；二是解决不同专业间的碰撞错漏问题；三是通过在三维模型中精确设置管线坡度，提供坡度管的开洞位置；四是细化局部管线设计，比如管井、卫生间等区域的管线排布。

完成管线排布后，通过净高分析工具，将不同净高的区域用不同颜色来填充，帮助设计师分析空间利用情况。

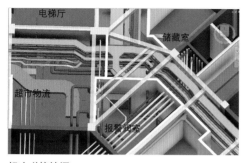

解决碰撞缺漏

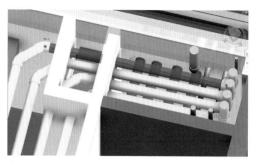

定位坡度管

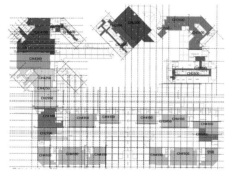

净高分析

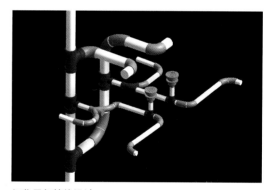

细化局部管线设计

4. 电气与智能化设计

该项目按地块和功能分区分别设置变配电所，在 336 地块和 345 地块各设置 1 处 10kV 电缆分界室。336 地块设置 2 处变配电所，分别为公寓和商业办公供电。345 地块设置 4 处变配电所，分别为商业、酒店、公寓、超市供电。变配电所居于负荷中心，且按照功能分区进行供电，此方案经济节能、方便物业管理且可靠性较高。为了增加商业区域和酒店的供电可靠性，345 地块预留了柴油发电机房，为后期增设备用电源提供条件。

智能化系统包括火灾自动报警及联动控制系统、视频监控系统、周界入侵报警系统、停车场管理系统、电梯五方通话系统、通信网络系统、手机信号覆盖系统、综合布线系统、公共广播系统、建筑设备监控系统等。消防安防监控室合用，设置在地下一层，设有直

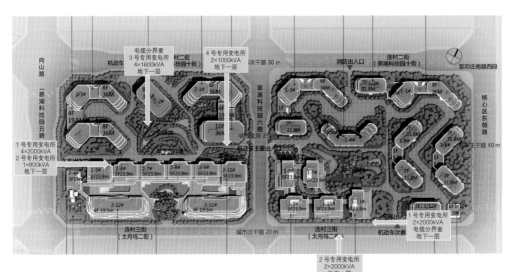

变配电所位置分布图

监控室实景图

通室外出口。监控室内设置有智能化综合管理平台，可以将视频监控系统、能耗管理系统、出入口管理控制系统、公共广播系统、楼宇控制系统等的数据汇总在一个信息管理平台，实现智能便捷、高效节能的智慧楼宇控制。

04/ 应用效果

该项目作为北京市单体面积最大的集"创业+生活+社交"于一体的新型产业园区，将营造宜业、宜居、创新发展的环境。项目建成后将助力海淀区建设具有全球影响力的全国科技创新中心核心区和国家双创示范基地，承接初创型中小企业发展需求，服务中关村核心区职住平衡，吸引集聚创业人才和创业团队，形成创新创业基地。

实景照片

北京市大兴区黄村镇商办项目

01/ 项目概况

    该项目位于北京市大兴区黄村镇 DX00-0301-0029 等地块，国家级新媒体产业基地的中心位置，处于承接核心区产业外移的第一地理顺位，周边紧邻多条交通干线，交通便利。该项目总建筑面积共 32.7 万 m²，分为商品房（悦风华小区）和商业办公楼（金地威新国际中心）两部分。该项目为北京较早开始采用装配式建造的建设项目。

    本项目商办部分遵循新媒体产业基地的总体规划要求，营造适应市场需求的商业、办公产品，打造适应新媒体产业所需的功能布局、建筑形态及环境空间。

图片来源：日宏（上海）建筑设计咨询有限公司。

02/ 目标定位

（1）打造宜人的社区生活环境，创建花园生态式办公场所。

（2）住宅和商业社区的整体规划。

（3）合理组织动线设计，高效利用土地和建筑空间。

商业办公楼包含 3 个地块，建设用地面积 57703.125m²，建筑面积 216905.82m²，其中地上建筑面积 150028.12m²，地下建筑面积 66877.7m²，容积率 2.6，地上建筑层数为 4 层、5 层、6 层、10 层；

商业办公楼考虑到从东南角城市主干道交通上的视觉效果，弥补建筑高度不足，打造富有韵律感的天际线的同时，通过强调垂直与水平方向的立面设计，创造出表情多样的建筑外观。通过垂直方向和水平方向的体量组合，演绎富有韵律感的立面。办公建筑局部采用金属落地玻璃及陶板为主要墙板结构的外墙体系，并包括一部分金属板或瓷板等材料的干式外墙装饰构造，从而展现出富有自然生态感的砂岩外立面效果。

总平面图

沿街实景图

03/ 技术特点

1. 结构和材料

2017年3月，北京市发布《北京市人民政府办公厅关于加快发展装配式建筑的实施意见》，该项目为首批执行此意见的项目。实施产业化的10栋公共建筑单体，建筑高度小于45m，应满足其单体建筑装配率50%的要求。

商业办公楼部分：钢框架结构、钢框架－钢筋混凝土核心筒结构。

商业办公楼的产品形式为标准写字楼与企业独栋，展现办公的多样性，结合功能采用符合各建筑类型的核心筒形式（中心核心筒、偏心核心筒）。

（1）框架结构：框架柱为焊接箱型钢柱，框架梁及次梁采用热轧H形钢，楼、屋面板采用现浇钢筋桁架楼板。框架柱与框架梁间采用刚性连接，次梁与框架梁为铰接。

商业办公楼钢结构施工照片

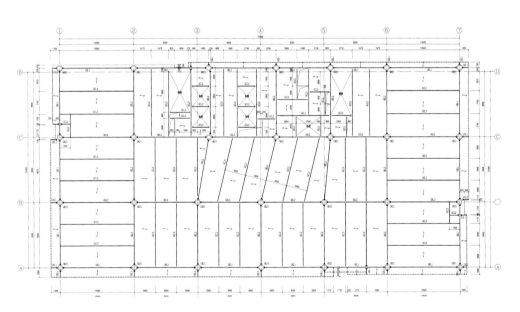

商业办公楼结构平面图（钢框架结构，地上 10 层）

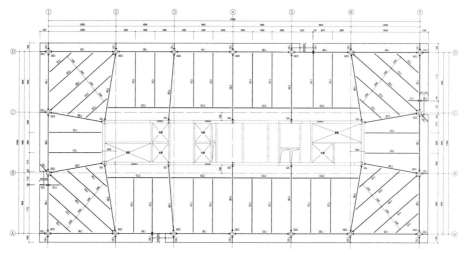

商业办公楼结构平面图（钢框架－钢筋混凝土核心筒结构，地上 10 层）

（2）钢框架－钢筋混凝土核心筒结构：核心筒部分采用钢筋混凝土现浇剪力墙，框架柱为焊接箱型钢柱，框架梁及次梁采用热轧 H 形钢，楼、屋面板采用现浇钢筋桁架楼板。混凝土核心筒、框架柱与框架梁间采用刚性连接，次梁与混凝土核心筒、框架梁为铰接。

施工现场照片

2. 机电设计

（1）给水排水注重节能、低碳设计

充分利用市政自来水压力，地上单体首层至三层由市政中水直接供给；四层及以上为加压供水，分别由地下车库变频稳压供水装置与给水储水箱联合供水。同时利用市政中水作为冲厕及绿化使用。

雨水设计采用入渗方式，雨水经绿地、透水铺装地面入渗，涵养地下水。场地年径流总量控制率达到 85%。

装配式建筑中管道敷设在墙体、吊顶或楼地面的架空层或空腔内，并采取隔声减振和防结露措施。给水排水立管设置在核心筒及卫生间管井内。给水、中水等支管在楼板垫层或吊顶内安装铺设。预制结构构件中的预埋管线及预留沟、槽、孔、洞的位置遵守结构设计模数网格，保证构件的整体性与安全性。

（2）空调系统多种方式降低能耗，助力绿色低碳工作生活

自持办公楼采用 2 台离心冷水机组和 1 台螺杆冷水机组 +3 台真空热水锅炉作为空调冷热源。设置 24h 冷却水系统，满足高品质用户需求。空调水系统采用一级泵变流量两管制形式。办公和商业建筑采用风机盘管加新风系统，屋顶设置集中热回收机组。挑空大堂采用热回收型双风机一次回风全空气空调系统，过渡季全新风运行。

合理配置冷水机组，可 15% ~ 100% 进行调节。空调分集水器设压差旁通控制阀，控制旁通流量保证冷水机组运行效率。空调水 6℃/12℃大温差和变频循环泵，降低空调冷水管道投资，减少运行能耗。新风热回收机组，降低了新风能耗。新风 / 空调机组设置过滤段，降低室内 $PM_{2.5}$ 浓度，使空调系统既是舒适空调又是健康空调。

（3）电气与智能化系统设计

该项目在商业地块首层设置开闭站一处，在地下一层设置分界室和变配电所，商业地块共设置 4 处变配电所，其中 3 处分变配电所为商业地块供电，另外对季节性负荷（制冷机房）单独设置变配电所 1 处。商业建筑按照 25% 设置充电桩设施，为电动汽车充电提供了便利条件。

智能化系统包括火灾自动报警及联动控制系统、防火门监控系统、电气火灾监控系统、消防电源监控系统、视频安防监控系统、周界入侵报警系统、停车场管理系统、可视对讲系统、电梯五方通话系统、通信系统、手机信号覆盖、有线电视系统、综合布线（商业地块）、信息发布（商业地块）、无线 WiFi 系统（商业地块）、楼宇自控系统（商业地块）、建筑能耗管理系统（商业地块）、速通门人脸识别系统（商业地块）。

变配电所位置分布图

住宅地块和商业地块分别设置消防安防监控室、固定通信机房、有线电视机房。商业地块为后期办公预留信息机房，为后期办公业主入住提供前期条件。建筑智能化系统的出入口控制含人脸识别功能，门禁系统可实现无接触通行，方便后期人员管理和使用。办公楼电梯厅入口设置智能通道闸机，闸机采用机电一体化控制、传感器逻辑编程与过快速摆门有机结合，实现对出入口的控制管理。闸机可以配合门禁、考勤、电脑等控制器使用，经授权的合法人员可以不受任何阻碍地顺利通过而不必单个接受检查，同时拒绝未获授权的人员通行，从而提供高质量的出入口管理控制。

04/ 应用效果

该项目于 2022 年投入使用，以金地威新国际中心——打造"花园式办公"之名在北京南中轴资源带上精彩亮相。该项目除了能满足企业的不同办公需求，更能让爱社交、懂分享的年轻人享受更多工作之外的乐趣。园区内的景观园林让人随意就能享受自然，放松大脑。

　　该项目深刻践行 ECOFFICE 办公理念，打造"生态公园里的商办空间"，凭借优异区位优势以及前瞻式花园办公理念，相信该项目定会成为企业的理想办公选择，成就北京南城商务新标杆。

　　2023 年，该项目荣获"2023 最佳商业地产智慧楼宇示范案例"。

大堂 10.2m 挑高

实景照片

北京房山海悦城

01/ 项目概况

    该项目位于北京市房山区房山新城良乡组团，临近京石高速和六环路，用地范围东至京周路西红线，南至轨道交通房山线高架区间拨地边线，西至京石高速公路，北至规划道路中心线，地块所处位置是北京西南面向区域发展的重要城市发展新区，也是房山区的东大门。

改造前示意图

02/ 设计理念

    针对项目的所处区域环境、既有建筑群空间与土建现状等现实挑战，规划设计提出打造集住宿、工作、社交、休闲于一体的商务生态闭环策略。通过连通首层商业东线、塑造小镇中心、加建空中连廊、改建局部空间等方式，将首层商业社区、二层酒店社区与上层商务办公社区多业态由平面复合街区转为立体复合街区，以构建更具温度感的生活情景，加强侵入式的极致体验，提升服务资源的共享品质，创造多样化的空间视点，

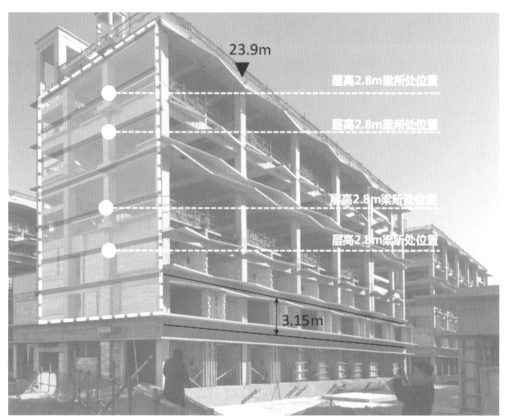

既有建筑群土建现状

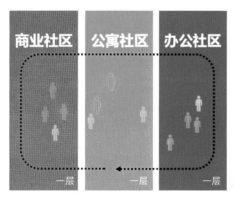

设计理念——平面复合街区

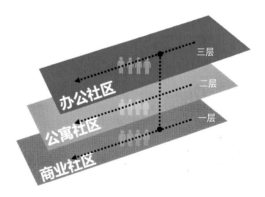

设计理念——立体复合街区

引发不同视角下对生活的独特感悟。

　　项目用地南高北低，东高西低，整体布局与城市空间紧密结合，通过一横四纵的商业街与景观廊道，塑造连续的城市界面与区域标示性建筑形象。场地共设置主要人行

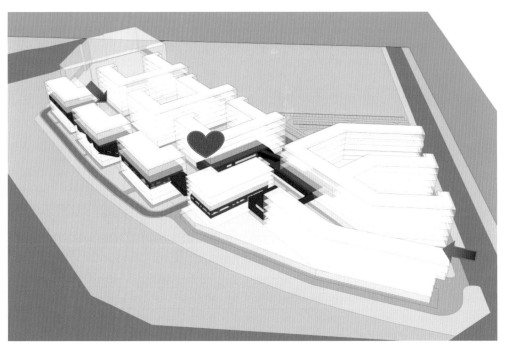

设计理念——塑造小镇中心

建筑效果图

出入口和车行出入口各两处,分别设置在场地内西北方向及东向,场地内实现人车分流,保证交通流畅性。场地内建筑群落可分为3部分,分别是1号楼五星级酒店新建建筑、办公改造建筑群(2-2号楼、3-2号楼、4-2号楼、6-2号楼)、商旅酒店改造建筑群(2-1号楼、3-1号楼、4-1号楼、5号楼、6-1号楼)。

办公建筑群效果

酒店建筑群效果图

03/ 技术亮点

1. 结构和材料

（1）1号楼五星级酒店新建建筑结构设计概要

1）结构选型

在满足建筑使用功能和立面造型、建筑对楼层净高的要求的基础上，结构形式应满足承载力和变形的要求，同时应具有良好的整体性，还应有利于抗风与抗震。工程整体结构采用现浇钢筋混凝土框架结构体系，楼盖形式采用现浇钢筋混凝土梁板结构体系。

2）结构设计特点

①倾角处设有通高斜柱，采用十字形钢混凝土柱设计以增强其抗倾覆能力。

②宴会厅为二~三层通高形成大开洞，为楼板不连续；大开洞周边楼板厚度按150mm设计、双层双向配筋，以加强楼板整体刚度。

③宴会厅顶盖跨度20.4m、泳池顶盖跨度25.2m，采用单向密肋钢梁，楼板采用钢筋桁架楼承板。

④南北两部分存在局部高差层，由于混凝土柱子剪压比无法满足要求，采用了型钢混凝土柱。

⑤模型计算时，对斜柱、型钢混凝土柱进行了性能化分析。

（2）既有的八栋公寓建筑结构改造设计概要

混凝土构件的加固设计与实际施工方法紧密结合，采取有效措施保证新增构件和部件与原结构可靠连接，形成整体共同工作；并且考虑了对未加固部分，以及相关的结构、构件和地基基础造成的影响，采取相应的措施。

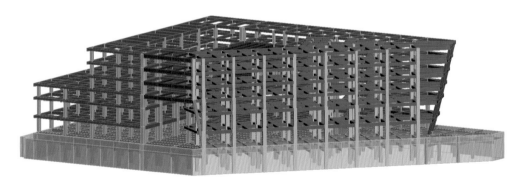

整体结构计算模型

（3）立面材料

该项目外立面主要利用铝板作为外装饰材料，配合其他多种材料，突出建筑层次感，活跃街道氛围，协调周边建筑。同时，外立面设计与室内空间设计相结合，体现建筑整体的节奏与韵律。

UHPC 外遮阳板

U 形槽玻璃与铝板幕墙效果

铝板幕墙效果图

2. 暖通空调

（1）工程概况

设计范围包括：空调系统、供暖系统、通风系统、防烟排烟系统。

（2）冷热源设计

根据甲方项目定位及运行需求，对各个业态建筑采用不同的冷热源形式。对建设标准较高的1号，2-1号、3-1号楼，冷源采用螺杆式冷水机组，热源为自建燃气锅炉房；对于以后独立经营的其他楼栋，采用独立的风冷热泵冷热水空调系统或者多联机系统。

（3）末端形式

末端均采用风机盘管＋空调新风系统，这种系统不仅可以保证房间的卫生及舒适要求，还方便以后灵活的招商经营形式。

（4）通风系统设计

1）厨房设置全面通风系统和局部排油烟系统。厨房全面排风机兼作事故排风机。

2）地下各层车库设有机械排风和机械补风系统。送风机均兼消防补风机，排风机兼排烟风机。

3）汽车库设置 CO 浓度探测器。

4）设有气体灭火系统的设备机房，设置事故后排风系统。

（5）防烟排烟系统设计

封闭楼梯间、防烟楼梯间及其前室、消防电梯间前室及合用前室均采用机械加压通风的防烟形式。设置机械加压送风系统的封闭楼梯间、防烟楼梯间，尚在其顶部设置了不小于 $1.0m^2$ 的固定窗，靠外墙的防烟楼梯间每 5 层内设置总面积不小于 $2.0m^2$ 的固定窗。

排烟系统

设置排烟系统的主要场所包括：长度超过 20m 的内走道、面积超过 $100m^2$ 的地上房间、地下车库。

除地上建筑的走道或建筑面积小于 $500m^2$ 的房间外，设置排烟系统的场所应设置补风系统。补风系统直接从室外引入空气，且补风量不小于排烟量的 50%。

3. 给水排水

（1）重点

酒店给水机房与非酒店部分的给水机房分开设置；结合酒店的规定，按其要求储存半天的水量，并结合的当地的水质，对生活给水进行处理，按水质不同分别供水；集中生活热水配置消毒设备。

（2）难点

建筑体量大、功能组成及流线复杂是该项目给水排水系统设计的难点。

（3）技术特点

从市政引入两路 DN200 给水管在地块内连通成环，满足地块用水需求。低区生活用水利用市政压力直供，高区合理采用加压供水，并按功能设置水处理设备、水箱储水，保障运营，采用恒压数字变频供水泵供水，共两套加压系统：酒店区域单独设置供水系统，其他区域共用一套系统。分功能及业态设水表分级计量。

设置水封及器具通气保证排水畅通并满足卫生防疫要求。

屋面雨水系统采用 87 斗系统，设计重现期 10 年。场地雨水设计重现期 3 年。

酒店集中生活热水热源由自建锅炉房提供，充分利用再生能源，集中生活热水系统设有热水预热系统，利用太阳能系统产生的热水作为生活热水的预热热源。

（4）消防

该项目按一次火灾进行消防系统设计。室外消火栓系统由市政自来水直供。室内消火栓系统及自动喷淋灭火系统采用临时高压消防系统。不宜用水灭火的区域采用七氟丙烷气体灭火系统。

（5）节能减排措施

中水采用市政中水管网，中水供水协议由甲方提供。该项目系统无超压出流现象，用水点供水压力不大于 0.20MPa，超出 0.2MPa 的配水支管设减压阀，且不小于用水器具要求的最低工作压力。

（6）重难点事项

该项目为改造项目，建筑功能变化大，且规范已更新，故先与各专业一起按照新的商业功能及管理分区重新规划系统和机房。酒店管理公司又提出了相关要求，原则上按照国家标准和酒店管理公司设计指南中要求较高者。

酒店管理公司设计指南中对各类水质指标均有明确的规定。以硬度为例，生活用水要求控制在 1～1.2mmol/L，洗衣房为 0.5～0.75mmol/L，厨房普通用水点为 0.5～1mmol/L。因此需要设置软化设备进行处理，在供水水箱内按比例与市政水混合，达标后按不同区域进行供应。其他水质指标，设置相应的处理设施，如砂滤、碳滤等，视情况进行处理。供水流程为：市政自来水→原水调节池→提升（兼反冲洗）泵→砂滤→软水器软化及混合→供水（软水）水箱→紫外线消毒器→分区供水设备→用水点。

酒店管理公司要求储存一天的用水量，在市政断水的情况下，可以保证酒店各用水系统的全面正常运行。但如果按此要求执行，储存的水量将远远大于建设方所能承受的范围。因此在执行中考虑到该项目的现状，储存水量按平均日用水量计算，并扣除由市政直供的机房及冷却塔补水，客房按 50% 入住率考虑供水机房需求及储水量。

该项目为多业态的综合体，酒店给水机房完全独立设置，与其他业态给水机房分开。

由于国内客户普遍没有直接饮用酒店客房提供的直饮水习惯，因此造成实际使用率很低。如酒店设置集中的直饮水系统，不仅造成能源浪费，而且末端可能存在卫生安全隐患。结合国内的实际情况，故未设置集中直饮水的设计方案。

在具有多业态的综合体内部，酒店管理公司原则上要求酒店消防水泵房完全独立设置，与其他业态消防水泵房分开。同时考虑建设方成本，采用合用消防水池，而消防水泵房则分为酒店／非酒店，相应消防水泵各自独立设置。共用机房，但酒店／非酒店消防水泵设备独立设置，并且布局上进行位置分割，便于双方物业各自管理。

酒店的布草井(也称污衣槽)内要求设置喷头,具体的布置方式如下:顶层设置喷头,向下每隔1层设置喷头;设置独立的水流指示器;自动喷水灭火系统立管位于布草井临近位置,便于连接。

厨房排油烟管道内设置喷头,酒店管理公司对此项内容有明确要求:喷头应选用特种260℃高温喷头;主要功能是防止油脂着火,防止火灾通过排油烟管道蔓延;设置独立的水流指示器;排油烟管道水平管段每3m间距布置1只喷头,其他位置设置距离酒店方也有相关明确规定。

除排油烟管道内安装喷头外,厨房排烟罩下需设置专用气体灭火系统。

4. 电气及智能化

该项目原有建筑功能与本次改造业主要求差别较大,改造前多次充分与业主沟通并在不违反标准规范规定且满足使用功能需求的前提下,结合和利用原有系统及机房,最终确定改造方案。

(1)供配电系统设计

1)该项目业态为公寓改成酒店,涉及用电增容问题,变压器增容后,原有变配电室面积已不能满足改造后使用要求。如果变配电室改动过大会涉及结构加固等相关问题,经与业主沟通后,采用在各单体增设总配电间的方案,在总配电间内设置各单体配电总柜,这样可以减少变配电室低压出线,以保证原有三个变配电室增容后面积不变,同时新增一个变配电室。

2)根据业主后期运营及管理需求,对原有的3个变配电室供电范围重新划分,并新增4号变配电室。

变配电室供电范围

名称	供电范围
1号变配电室(原有)	皇冠假日酒店(1号楼)、智选假日酒店(2-1号楼)
2号变配电室(原有)	商业配套、长租公寓、办公(3-1号楼、4-1号楼、3-2号楼、地下车库)
3号变配电室(原有)	商业配套、长租公寓、办公(5号楼、6号楼)
4号变配电室(新增)	办公(4-2号楼)

(2)设备管线安装

机电管线敷设也是改造的重难点,该项目原设计3-1号、4-1号、5号、6-1号楼首层层高 4.1m，二层层高 3.15m，三～六层层高 4.15m；其中三、四层及五、六层原设计为"二变三层"的 Loft 公寓，故三四层与五、六层之间的梁较高，改造后功能为酒店，受梁高影响机电管线敷设后二～五层走道净高不足 2m，无法满足使用要求，故机电专业根据平面布置多设管井并与结构协商局部进行穿梁处理，解决走道净高不满足使用要求的问题。

（3）消防设计

1）根据《消防应急照明和疏散指示系统技术标准》GB 51309-2018，增设了集中电源集中控制型应急照明和疏散指示系统，并对原 220V 应急照明系统进行了调整。

2）根据业态管理需求，火灾自动报警系统由原集中报警系统改为控制中心报警系统，新增了酒店消防分控制室，商业消防分控制室及 4-2 号楼办公消防分控制室。

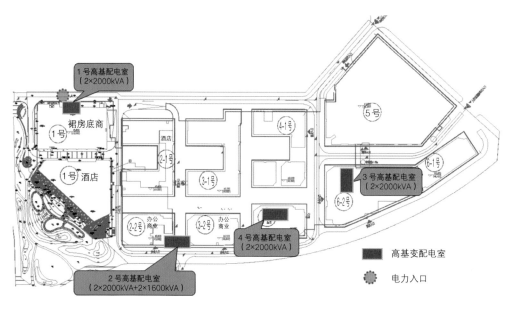

变配电室选址

04/ 应用效果

该项目属于既有建筑群改造设计，强调不仅在功能上顺应现在社会的经济需求，提升形象品质，同时针对建筑生命周期中的围护结构、空调、供暖、通风、照明、供配电以及热水供应等能耗系统进行的节能综合改造，通过对各个能耗系统的勘察诊断和优化设计，应用高新节能技术及产品，提高运行管理水平，使用可再生能源等提高建筑的能源使用率，减少能源浪费。在不降低系统服务质量的前提下，降低能源消耗，节约用能费用。从经济的角度来看，改造一栋老建筑比重新建一栋建筑要节约许多，并且，既有建筑改造还可以降低建筑的市场需求，有利于房地产市场的健康发展。

既有建筑改造是探索城市更新的路径和机遇，是探索城市更新时代下的新业务和新模式，将城市、文化、产业与人的融合共生已然成为城市更新的大势所趋。

Building Complex

建筑综合体

天地广场（贵和二期）

西宁市海湖新区C-2-3地块

天津易生大集商业综合体

陵水城市候机楼

胜芳国际家具博览城二期续建项目

天地广场（贵和二期）

01/ 项目概况

　　该项目位于济南市天地坛街西侧、黑虎泉西路北侧、泉城路南侧地块。总用地面积8983m²。新建二期A区总建筑面积约6万m²，改造部分一期B区建筑面积5500m²（A区为新建二期、B区为旧建一期与A区整体连接、C区为旧建一期）。主要内容为新建A区，地下两层车库，地上一～五层为商场，六～十一层为酒店。拆除一期B区二、三、四、五层楼板改造为二、三、四层。消除一期B、C区高差。

　　该项目将一次性规划建设。一期B区与二期A区结构连接、基础防水处理、结构超限、一二期设备整合。旧基础连接及加固，B区一～五层的预应力楼板拆除，对原有框架柱加固、增加部分剪力墙的加固，对原有建筑因承载力及外观质量不满足要求的梁、板进行加固处理等。该工程属平、竖向不规则超限工程。基础底板在连接区域加强连接，施工图阶段在新旧基础连接处设置沉降后浇带。

鸟瞰效果图：与恒隆广场环境关系示意图

临街人视实景图：多种体量与多种材料相互交织

02/ 设计理念

　　该项目注重处理与相邻规划建筑、城市街道、城市广场与绿地环境的空间关系，同时做好沿城市规划道路的景观组织，与邻近地块的现有和新建建筑、公共绿地取得和谐。该项目一期与二期一起进行规划建设。

　　建筑风格力求体现现代化商务中心区的风貌特色。注重立面色彩和材料的选择及绿色环保材料的选用。建筑体量虚实对比，有充分的自然采光和通风。研究沿街立面、天际线，立面材料楼体主要采用玻璃幕墙，室内空间充分利用自然采光通风。低辐射Low-E中空玻璃的运用，满足节能建筑的要求。确保在济南长久领先的地位。酒店客房不只局限于数量增加，关键还在于品质的提高。结合商业空间和布局，做好建筑内部功能的处理。做好与西侧恒隆广场的结合，形成区域性商业氛围。

　　该项目为改扩建工程，新建部分二期（A区）地下2层，地上11层，地下室及上

和谐的城市街道

部结构采用现浇钢筋混凝土框架－抗震墙结构。地下室各层楼盖采用井字梁板形式，商场各层楼盖设计采用主次梁板布置形式，酒店各层楼盖设计采用大空间梁板布置。改建一期分（B区）和（C区）两部分，地下2层，地上14层，建筑面积7.6万 m^2。旧楼楼板改造本着尽量少损伤原有结构构件的原则，在原有柱子与钢梁连接处制作刚性节点，楼盖体系采用钢梁－压型钢板与混凝土组合楼盖的方案。

改造部分（B区），对商业部分实施结构、设备改造。拆除二、三、四、五层楼板改造为二、三、四层。消除B、C区高差，实现一二期每层贯通。

保留利用现有机电设施及布置，并在满足一期不停业的情况下进行机电专业整合。旧基础连接的加固，B区一～五楼层的预应力楼板拆除，对原有框架柱加固设计、增加部分剪力墙的加固设计，对原有建筑因承载力及外观质量不满足要求的梁、板进行加固处理等。一期建筑（C区）为框架剪力墙结构，一期建筑（B区）为框架结构，B区与C区在4～5轴间设置防震缝，地下室连通；二期新建建筑由于酒店大堂的功能需要，在 A 区与 B 区之间不允许设置双排柱及结构防震缝。同时还考虑到,二期新建建筑层高不同于一期建筑 B 区,需将一期建筑 B 区底部四层楼板拆除,改造为三层。

综合考虑上述因素,二期工程结构方案拟考虑将二期扩建部分(A)区与二期改造部分(B)区通过各楼层的加固改造,将两部分连接成一个整体的框架剪力墙结构(结构设计使用年限 50 年)。

新旧建筑基础及地下室区域按刚性连接进行设计,基础底板在连接区域加强连接,施工图阶段在新旧基础连接处设置沉降后浇带。

智能化系统集成是利用标准化的接口协议把若干相互独立、相互关联的子系统集成到一个统一、协调的系统平台上,实现各子系统资源共享、优化管理和整个建筑的完整的管理系统(BMS)。智能化系统集成的一个关键问题在于解决各智能化子系统之间的互联性和互操作性问

现代化的立面设计

题。智能化系统集成实质上是一种软件信息管理系统工程,可以依据不同客户的需求,量身定做出不同的管理功能。

新建建筑在北侧与现有贵和一期整体连接,南隔黑虎泉西路面向泉城广场,东临天地坛街,西侧紧邻规划建设中的恒隆广场,商业氛围浓厚。仍将采用"商场 + 酒店"业态模式,建成集购物、住宿、娱乐、餐饮为一体的"一站式"大型综合体,与周边的恒隆广场形成区域性商业氛围,并与万达广场、香格里拉、世贸项目发挥综合作用,成为泉城路商圈首屈一指的主要景观建筑。该工程将全面提供无障碍设计。

现代化的商业氛围

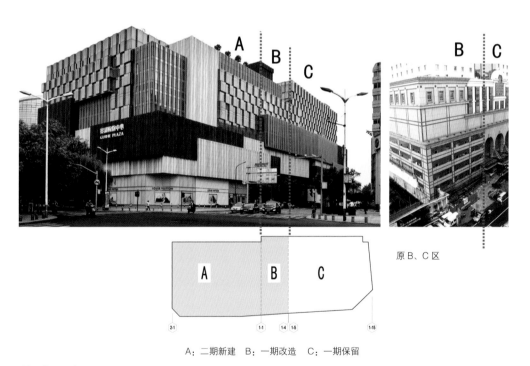

原B、C区

A：二期新建　B：一期改造　C：一期保留

项目分区示意图

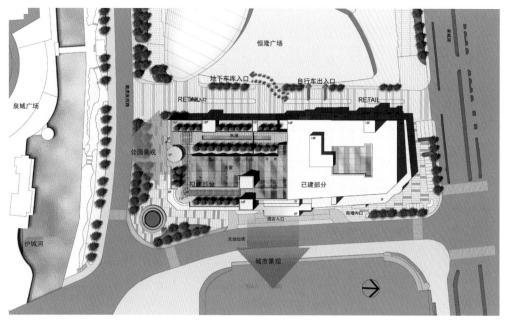

总平面图

03/ 技术亮点

1. 功能和造型给结构专业带来的挑战

该工程抗震设防类别为标准设防，抗震设防烈度为 6 度 0.05g 第三组，结构安全等级为二级；建筑场地类别为 II 类，主楼结构形式为混凝土框架—抗震墙结构，基础形式为带柱墩平板式筏形基础。

该工程改造部分及新建部分连成整体后，结构为含有多项不规则的高层建筑，在平面及立面上存在多项不规则，造成该工程同时存在扭转、楼板不连续、楼板凹凸不规则、构件间断、穿层柱等超限情况。针对结构方案的不规则性，采用性能化设计，依据超限审查结论，采取如下加强措施：①对重要构件进行中震下的性能化分析，对穿层柱按中震弹性，设置附加型钢以增加柱子延性；②补充进行多遇地震下的弹性时程分析性能化设计，满足结构在多遇地震作用下结构构件弹性；③新旧基础相连位置采取特殊的刚性节点防水措施，满足高水位下新旧建筑连接处的防水要求。

酒店大堂实景

结构加固节点照片

2．暖通空调为建筑舒适性提供保障

（1）二期工程改造在原地下二层制冷站内设置3台1000冷吨（约3517kW）的离心式冷水机组，冷水供／回水温度为7℃／12℃。冷却塔设在一期屋顶上，风机为变频风机，冷却水供／回水温度为32℃／37℃，市政蒸汽入口蒸汽压力0.4MPa，温度160℃，经设在地下一层的换热站换热后提供冬季空调用热。空调热水供／回水温度为60℃／50℃。

（2）空调水系统采用两管制一次泵系统，冷源侧定流量设计，管路为异程式。

（3）客房部分采用风机盘管加新风系统，新风机组设置在设备夹层内，内区客房采用多联机空调系统，方便过渡季节单独控制，商场部分和会议区域采用风机盘管加新风系统。大堂、宴会厅在建筑上为挑高形式，采用全空气一次回风系统，冬季设地板供暖。大堂服务台、接待台处设置风机盘管，以便大堂空调系统停止运行时，保证服务接待区的工作环境。

市政蒸汽检修期间，空调系统的热源由一期锅炉房内的蒸汽锅炉提供备用。空调水系统采用一次泵变流量、两管制系统，末端变流量。在空调分集水器之间装设压差旁通控制阀，以控制末端供回水压差，根据末端负荷需求控制旁通流量保证冷机运行效率。在冷却水总供回水管道上装设旁通调节阀，冷水机组供冷时，根据机组最低冷却水温度调节旁通水量，以保证冷却水供水温度不低于冷机限值。

3. 给水排水

该建筑内设置生活给水系统、中水系统、热水系统、污水系统、废水系统、雨水系统、室内消火栓系统、自动喷水灭火系统、水喷雾灭火系统、气体灭火系统、灭火器。

（1）给水系统：现状一期高区酒店及低区商场的给水从消防水池抽水经软化、消毒后作为生活给水水源，本次对给水系统整体进行调整，二期给水泵房新设生活水箱，酒店高区和商场低区分设变频给水泵组，高低区给水设备按一、二期总用水量分别设计，一期和二期统一设置高区、低区设备；地下二～地上一层为低区，利用市政压力供水，二～五层为中区，六～十一层为高区。

（2）热水系统：新建酒店二期生活热水热源采用市政蒸汽管网，在原一期换热站内新增二期换热设备，市政热网检修期由原来地下二层两台热水锅炉作为生活热水的备用；商场部分生活热水热源一期改建部分及新建二期均采用分散式电热水器供给；首层卫生间热水热源采用太阳能热水系统。

（3）中水系统：本着节水目的，设中水收集、回用系统及中水处理设备。中水泵站设置在地下二层设备用房内，酒店客房优质杂排水经中水处理设备处理后，回用于景观绿化、浇灌道路等用。

（4）排水系统：酒店部分排水采用污废分流系统，其他区域采用污废合流。生活污水经室外化粪池净化处理后排入市政排水管，酒店客房区域洗浴废水则作为中水原水排入中水处理站。地下室污废水采用合流，用潜水泵提升排出。首层以上的排水为重力流排水，汇合后于地下一层顶板下出户排入室外污水井。首层以下排水排入污、废水泵坑，经潜水排污泵提升后至地下一层顶板下排入排水室外检查井。

（5）消防系统：消防按照一类高层建筑设计，火灾次数为一次。该项目消防系统设计内容包括：室外消火栓系统、室内消火栓系统、湿式自动喷水灭火系统、自动扫描高空水炮灭火装置、气体灭火系统、灭火器配置系统。消防、喷淋系统利用一期消防水池和水泵，一期消防水池水量700m^3，位于地下一层，屋顶水箱间设有18m^{3}高位消防水箱及稳压泵。室内消火栓系统设高、低两区，转换层及以上为高区，转换层以下为低区，低区系统通过减压阀来减压。喷淋系统与一期共用，水泵在一期消防泵房内。地下车库设预作用灭火系统，其余部位采用湿式系统。建筑物内净空高度超过12m的办公大堂区域设置自动扫描射水高空水炮灭火装置，自动扫描射水系统和自动喷水灭火系统报警阀前的管网合用。根据消防规范要求，柴油发电机房、油箱间采用水喷雾灭火系统。地下一层的电气变配电用房采用无管网七氟丙烷气体灭火系统。

4. 电气及智能化系统

该项目引入双路10kV市政电源，正常情况下，两路电源同时供电，当其中一路发生故障时，另外一路应能负担全部一、二级负荷用电。主接线采用单母线分段运行方式，中间设联络开关，母联断路器采用手动投入方式，并设机械与电气闭锁，防止误操作。

在地下一层设置一个变配电室，内设两台2000kVA和两台2500kVA变压器；同时在地下一层设置一个柴油发电机房，内设一台2000kW柴油发电机作为本项目的备用电源。

低压配电系统采用放射式与树干式相结合的配电方式，对于重要负荷如消防用电设备（消防水泵、防排烟风机、加压风机、消防电梯等）、信息网络设备、消防控制室、电话机房等均采用双回路专用电缆供电，在最末一级配电箱处设双电源自投，自投方式为自投自复。对于较集中的大容量负荷采用放射式配电，对于较分散的小容量负荷采用

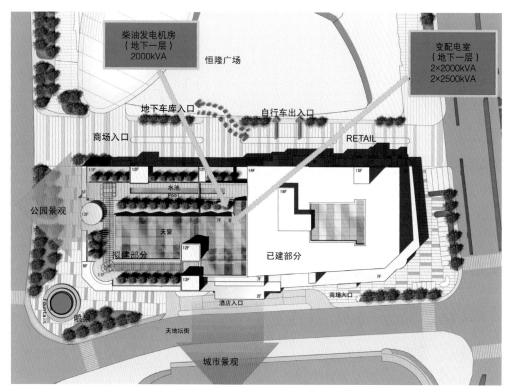

电气机房位置示意图

树干式配电。

　　该项目智能化设计的主要内容有：火灾自动报警及联动控制系统、电气火灾监控报警系统、背景音乐及紧急广播系统、视频监控系统、巡更系统、酒店客房一卡通管理系统、综合布线系统、通信网络系统、建筑设备监控系统、有线电视及卫星电视系统、无线对讲系统、公共无线通信信号放大系统、酒店管理系统、酒店信息发布系统、会议室多功能厅宴会厅等扩音同声传译及多媒体演示系统、视频点播系统、智能化系统集成等。

04/ 应用效果

　　该项目荣获第十四届中国土木工程詹天佑奖。

西宁市海湖新区 C-2-3 地块

01/ 项目概况

　　西宁市海湖新区位于西宁市海湖新区核心区,南邻西关大街,西侧为规划中的海湖绿带,北侧为规划道路,东侧为普丰路。

　　该项目设计为地上 5 层(局部 8 层)及地下 2 层,主入口设置在西关大街与普丰路交叉口,并在基地东西两侧设置三个次要商业出入口。基地北侧为两栋办公主楼,办公人流主出入口布置在基地北侧。两栋办公楼中,一栋 17 层、一栋 22 层。地下三、地下四层为可停放 810 辆机动车的地下车库。总用地面积 21744.19m^2,总建筑面积 177341m^2,其中地上建筑面积 108720m^2,地下建筑面积 68621m^2。

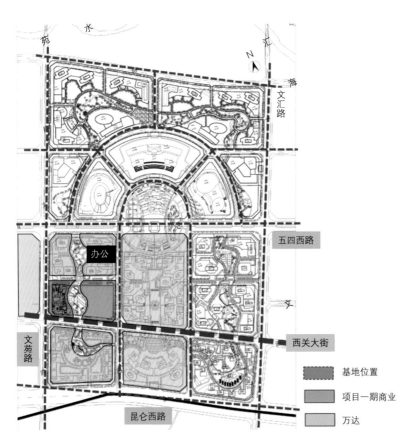

西宁海湖新区功能位置示意图

02/ 设计理念

　　海湖新区，绿带环绕，在大的规划格局下紧紧围绕"海湖灯塔，碧波荡漾"这一主题展开建筑设计。

　　借用海湖新区的寓意，将城市绿带视作大海中的波浪引入区域。新起点、新航向，两栋高层建筑主体依山面水，迎风舒展，铝板的轻盈与坚毅诠释着新时期下灯塔方向，同时又似巨型船锚般赋予动态风帆以坚强的稳定感。

　　螺旋布置的商业主体形似一台巨大的发动机，在静态中表达一种动感的形态，坐落于主体高塔下的商业裙房力量迸射而出，仿佛一声令下就将引擎"催爆"。同时，利用形体上开窗的波浪形处理，更加切合主体寓意。

1. 主楼

　　主楼（A栋产权式酒店、B栋办公）建筑布局采用外框内筒式布局的标准层平面，

"海湖灯塔，碧波荡漾"

螺旋布置的商业主体

面积约 1800m^2，从而达到较高的面积使用率与建设经济性。两栋高层建筑之间设置大堂，提升办公品质塑造整体形象。A 栋为产权式酒店，为海湖新区增添一个未来精致的休闲空间。B 栋为户式办公空间。两栋办公塔楼分别配置 4 部 1600kg 的高速专用电梯，提供良好的办公环境与酒店氛围。

　　建筑材料主要以玻璃、白色铝板为主，配合木色铝板形成的遮阳板。

临街入口广场效果图

白色为主的建筑立面

2. 商业主体

商业设施的规划采用开敞步行街及室内步行街结合的模式。在城市主要节点设置场地开口，将人流顺利导入商业主体，并利用复合的商业业态，塑造整体购物体验。

内外街结合的商业模式提供更多逛街的可能性，丰富的室内外空间塑造出各种趣味空间，带来良好购物体验的同时体会一种不同的购物模式，同时更加有利于消防时的疏散。

沿主要出入口及中心挑空可进入下沉绿化庭院序列，在为地下空间引入自然通风与采光的同时，也使得地下一层的商业价值得到了充分挖掘，从而在垂直方向上为各层商业空间引入更多灵活组合的可能。

商业部分的造型考虑到对几个主要街道的影响，在首层实行了内缩的方式，为城市空间创造更多的步行空间。二层以上在城市尺度上呼应几个入口及街道，从而在形体

利用复合的商业业态，塑造整体购物体验

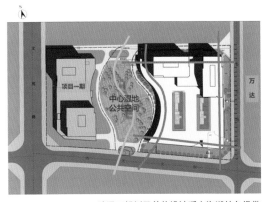
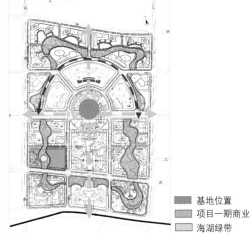

总平面规划及单体设计呼应海湖特色绿带
与周围环境、道路紧密结合
针对流动空间采用风车式布局
庭院式布局

总平面图

基地位置
项目一期商业
海湖绿带

上形成螺旋的感觉，在每个角部塑造灵动头部的同时塑造了整体的发动机的感觉，意寓着带动海湖新区的新活力。穿孔铝板的材料塑造商业主体的飘逸与灵动感，少量的开窗采用了波浪式的处理方式，使得建筑造型与整体概念更加贴近。同时，立面的处理方式既符合商业规律，又避免了夜间带来的光污染。

裙房部分地上 5 层和地下 2 层，由于地形南北存在较大高差，故在 A、B 栋局部室内地坪降板 2m。由于受降板 2m 的影响，以及货车净高及设备层高要求等条件限制，相应地下室北侧由四层改为三层。

在地下一层和地下二层利用一条主流线联通西区一期建筑和东侧万达广场，起到整体带动的良好作用。地下三、地下四层为停车部分，并在地下三层和西区一期通过两个连接处进行联通，保证地下室停车有 3 个机动车出入口。

03/ 技术亮点

1. 功能和造型给结构专业带来的挑战

该项目 ±0.000 以上通过结构缝分为塔楼 A、塔楼 B、商业 C1、商业 C2、商业 C3 五个结构单元。

塔楼A：框架－核心筒结构；6 层以下为商业，地上 22 层，地下 4 层，六～二十二层为酒店；

塔楼B：框架－核心筒结构；6 层以下为商业，六～十六层为公寓，地上 16 层，地下 4 层；

商业 C1：框架－剪力墙结构；6 层以下为商业，六～八层为餐厅，地上 8 层，地下 4 层；

商业 C2：框架结构；地上 5 层，地下 4 层，均为商业；

商业 C3：框架结构；地上 5 层，地下 4 层，均为商业。

地下二～地上五层为商业，抗震设防类别为标准设防，其他层抗震设防烈度为标准设防，7 度 0.10g 第三组，结构安全等级地下二～地上五层为一级，其余为二级；建筑场地类别为 Ⅱ 类，基础形式：A、B 塔楼均为筏板基础，C1 ～ C3 商业基础为独立基础＋防水板。

工程中存在穿层柱，穿层数过多的柱采用型钢混凝土柱，所有穿层柱均利用 MIDAS 软件进行屈曲分析确定计算长度系数复核承载力，并提高穿层柱的抗震等级及抗震构造措施抗震等级，采取箍筋全长加密等措施，以保证跃层柱安全。

工程中存在个别层有效楼板宽度小于典型宽度的 50%，故此层相关位置楼板采用增大配筋率，采取增加楼板厚度等措施，且对楼板应力进行分析，保证楼板应力小于抗拉应力，并按弹性板复核相关区域梁配筋。

工程中存在体形收进的情况，在体形收进的部位上下各两层提高周边竖向构件及梁的抗震等级，且周边竖向构件全高加密，体形收进部位的上下层楼板提高配筋率及板厚。

工程 C3 段结构平面超长，利用 PMSAP 结构分析软件进行应力分析，控制楼板拉应力均不超过混凝土抗拉强度标准值，并根据应力分析的结果，对楼板有针对性的加厚，配筋采用双层双向拉通布置，并适当提高梁的纵筋配筋率，且所有梁腰筋直径提高一级加强，保证梁受拉不开裂。

2. 暖通空调为建筑舒适性提供保障

（1）地下三层制冷站内设置 3 台 1000 冷吨（约 3517KW）的离心式冷水机组，提供夏季空调冷源。冷水供／回水温度为 7℃／12℃。冷却塔设在 B 栋屋顶上，风机为变频风机，冷却水供／回水温度为 32℃／37℃。冬季供暖热源采用市政热力管网，经换热站换热后供给供暖末端使用，一次供暖热水供／回水温度为 80℃／60℃。换热站内设

3 台板式换热机组，分别供 B 栋供暖系统、A 栋空调系统及下层商业供暖。经换热后供暖二次水供 / 回水温度分别为 60℃ /50℃、60℃ /50℃、75℃ /55℃，在地下一层设锅炉房供其他季节生活热水辅助热源使用。提供 80℃ /60℃一次供暖热水。由于运营时间不同，裙房五层影院设置独立的空调系统，由 2 台风冷模块式冷水机组作为冷热源。

（2）空调水系统采用两管制一次泵系统，冷源侧定流量设计，管路为异程式。

（3）商业空调系统采用风机盘管加新风系统。各层设置新风机房，部分楼层采用热回收型新风机组，对部分排风进行热回收，保证运行时 60% 以上的能量回收。影院等大空间采用单风机全空气系统。A 栋酒店客房部分设风机盘管加新风系统，新风机组每层设置，通过风管送至各个房间。

（4）商业部分供暖一个分区，供暖热水供 / 回水温度为 75℃ /55℃，供暖方式为散热器采暖。B 栋供暖一个分区，供暖热水供 / 回水温度为 60℃ /50℃，供暖方式为地板供暖。A 栋空调系统一个分区，空调热水供 / 回水温度为 60℃ /50℃。

设置集中热回收机组，降低了新风能耗，起到节能效果。地下车库采用 CO 浓度及时间程序控制通风设备的启停、大空间全空气系统设置 CO_2 浓度传感器保证室内空气品质及运行节能。

3. 给水排水

（1）给水系统：生活给水系统按用水单位不同分为商场、公寓、精品酒店三个部分，地下室～商场首层的生活给水由市政给水管直接供给；二～五层为商场加压供水一区。A、B 栋六、七层精品酒店为一个加压给水二区，A 栋公寓八～十五层、B 栋公寓八～十二层为加压给水三区，A 栋公寓十六～二十二层、B 栋公寓十三～十六层为加压给水四区；精品酒店六～八层宴会厅生活热水采用集中式太阳能热水系统。在商场裙房五层屋顶放置平板式太阳能集热器，地下三层设置热水机房，采用热水箱及半容积式水加热器。以锅炉房锅炉作为太阳能热水系统的辅助热源。生活热水辅助热源耗热量为 200kW。

（2）排水系统：室外采用雨污分流制排水系统，室内采用污废合流制排水。首层及以上排水采用重力流。地下室污、废水采用压力流，用潜水泵提升排至室外排水管网。地下室厨房废水单独设置隔油及提升设备和伸顶通气立管。生活污水经室外化粪池净化处理后排入市政排水管。

（3）消防系统：消防按照一类高层建筑设计（建筑高度高于 50m），火灾次数为一次。该项目消防系统设计内容包括：室外消火栓系统、室内消火栓系统、湿式自动喷水灭火系统、防护冷却水幕灭火系统、自动扫描高空水炮灭火装置、气体灭火系统、灭火器配置系统。在地下一层消防泵房内设置 1008m³ 消防水池，分为独立工作的两格。A 栋屋顶水箱间内设置有效容积为 50m³ 消防水箱及配套稳压泵。室内消火栓系统采用临时高压制系统，室内消火栓系统竖向分两区，每个分区的静水压力不大于 1.00MPa。高区消火栓管道在顶层和六层均水平成环布置。低区消火栓系统分为商业部分和车库部分，商业部分在地下一层和五层成环，车库在地下二～地下四层分别成环布置。喷淋系统为临时高压制系统，竖向分为两区。高、低区管道分别在湿式报警阀前成环布置。商业和车库报警阀集中设置在地下二、地下三层的 3 ～ 4 个报警阀间内；客房部分报警阀设置在七层报警阀间。喷淋水泵组有 2 条出水管道与高区喷淋环状管网连接。建筑物内净空高度超过 12m 的办公大堂区域设置自动扫描射水高空水炮灭火装置， 自动扫描射水系统和自动喷水灭火系统报警阀前的管网合用。

主楼与裙房之间玻璃隔断防火时限 1h，设防护冷却水幕保护，玻璃隔断高度 3.5 ～ 5m 不等，喷水强度最大为 0.6L/（s·m），用水量为 80L/s，火灾延续时间为 1h。采用水幕喷头，喷头特性系数 $K=20$，喷头双排布置，在两侧保护玻璃幕墙。

根据消防规范要求及甲方提供的电气用房的重要性，确定对地下一层及三层的 5 个变配电室进行七氟丙烷气体灭火系统设计，采用七氟丙烷全淹没预制灭火系统。

4. 电气及智能化系统

设计内容：变配电系统、照明（普通照明、应急照明）系统、动力系统（应急动力、普通动力）、防雷接地及等电位联结；漏电火灾报警系统、火灾自动报警及消防联动控制系统、紧急广播系统、防火门监控系统、消防水炮灭火控制系统、消防电源监控系统；综合布线系统、楼宇自动控制系统、公共无线通信信号放大系统、有线电视系统、安全技术防范系统（视频安防监控系统、无线通信系统、停车场管理系统、无线巡更系统）、信息发布系统、智能化系统集成等。应急照明采用了智能应急照明及疏散指示系统，通过智能引导的方式，确保消防疏散的安全可靠。

供配电系统：两路 10kV 电源，高压系统主接线为单母线分段运行方式，中间设联络开关；设置 1 处 10kV 中心变电所及 4 处分变电所；低压配电系统：采用单母线分段运行方式，中间设置联络开关。

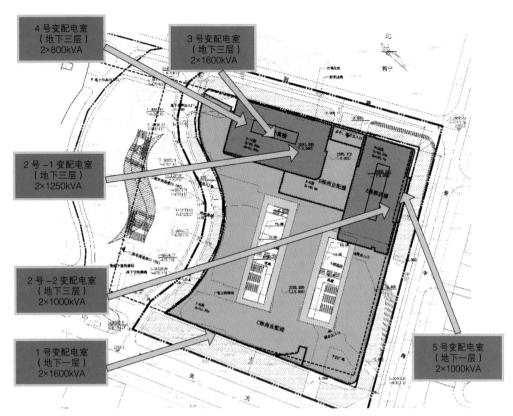

4 号变配电室
（地下三层）
2×800kVA

3 号变配电室
（地下三层）
2×1600kVA

2 号 -1 变配电室
（地下三层）
2×1250kVA

2 号 -2 变配电室
（地下三层）
2×1000kVA

1 号变配电室
（地下一层）
2×1600kVA

5 号变配电室
（地下一层）
2×1000kVA

变电所位置分布图

天津易生大集商业综合体

01/ 项目概况

  该项目位于天津市宁河区未来科技城中心区，是京津黄金走廊和京津塘高科技产业带上的重要节点，紧邻津宁高速和京津高速，交通便利。项目占地 295 亩，总建筑面积 57 万 m²，是一个以专业批发采购、休闲娱乐、日常生活等板块复合性的综合体项目。

内街效果图

广告牌成为立面的一部分
通过体量的变化及局部标示塔的增加，着力打造建筑组群入口
外檐材料大面积使用混凝土板，局部使用铝板

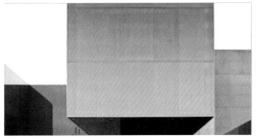

立面细节

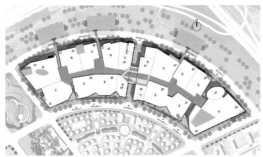

总平面图

形体生成

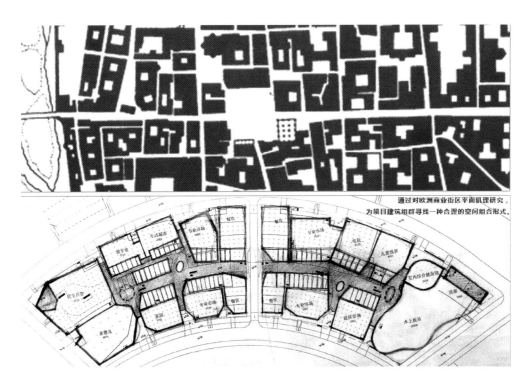

平面肌理研究

02/ 设计理念

1. 设计理念

项目用地地处城乡接合部，对于促进城市与乡村之间的物质交换具有积极作用。意在打造一部高效便捷的商业服务机器，创造一个集购物、休闲、娱乐于一体的城乡现代特色服务综合体，将传统工艺与现代网络交通结合而形成共享空间、特色空间。

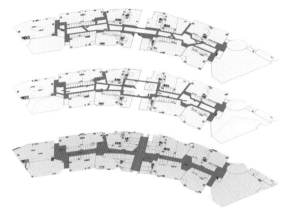

人流动线分析

根据需求，提出三大概念：商业街区的概念、生态有机体概念和仓储式购物概念。

（1）商业街区概念：将商业活力引入片区，同时也将片区内各功能组团巧妙地融合于商业空间网络之中。以人性化尺度构建具有亲和力的商业街区空间，形成一条充满活力与视觉冲击的步行主线，把各功能组块紧密地联系在一起。

（2）生态有机概念：采用规划、空间设计和细部设计三个层面有机结合的整体生态设计，强调以实用的生态手段塑造高舒适度的节能型商业空间和富于意趣的环境景观。

（3）仓储式购物概念：商业群组兼备仓储及市场的功能，线上线下联动。

建筑场地采用半地下地库的方式，地库较市政路抬高 1.5m，从而取得地库自然通风采光的效果。交通组织方面，人行及客车分别通过中心广场和地库，快速进入商业中；货车则通过建筑外圈的货物通道，到达卸货平台进入到货梯。人货分流，各自运转。

03/ 技术亮点

1. 结构和材料

（1）基本信息

该项目包含 1～8 号楼及地库。工程的抗震设防类别为丙类，抗震设防烈度为 8 度（0.20g），设计地震分组为第一组，场地类别为 IV 类；计算时的水平地震影响系数最大值为 0.16，场地特征周期为 0.60s，结构阻尼比均为 0.05。

各单体建筑高度、层数、结构体系、抗震等级、抗震构造措施及功能

楼号	建筑高度（m）	层数	结构体系	抗震等级	抗震构造措施	功能
1号	21.600	4层	框架结构	二级	二级	商业
2、3号	16.500	3层	框架结构	二级	二级	商业
4号	35.000	8层	框架 - 剪力墙结构	框架二级 剪力墙一级	框架二级 剪力墙一级	商业
5、6号	21.600	4层	框架结构	二级	二级	商业
7、8号	21.600	4层	框架结构	二级	二级	商业
地库	4.040	1层	框架结构	二级	二级	地下停车场

（2）设计要点

1）单体平面尺度较大，需要采取措施避免温度应力。

部分单体平面长度及宽度在 100m 左右，平面尺寸超过《混凝土结构设计规范（2015 年版）》GB 50010—2010 第 8.1.1 条关于伸缩缝最大间距的要求，然而设置伸缩缝会对建筑立面及使用功能造成不利影响，因此不考虑设置伸缩缝。采取设置温度后浇带的方式减少混凝土温度应力对结构的影响，结合平面布置，在结构每层平面每隔 30～40m 设置一道温度后浇带。温度后浇带内的混凝土在混凝土浇捣完毕后 45d 再浇筑，有效降低大体积混凝土施工时水化热产生的温度应力。同时，计算中考虑收缩徐变

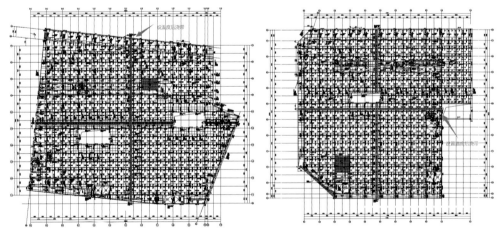

温度后浇带的设置

的混凝土构件温度效应折减系数，并考虑温度应力参与荷载组合来考虑施工后使用阶段温度应力带来的影响。

2）采用适宜大小的均匀柱网 + 井字梁设计，减小截面尺寸，节约造价。

该项目各单体基本采用 8.4mx8.4m 均匀柱网加十字交叉井字梁的平面布置，对于商业建筑来说，此大小的柱网能较好地满足建筑使用功能的需求，尤其是对于地下车库部分，能够方便停车；同时，此大小的柱网对于混凝土框架结构来说较为经济。

该项目恒载取值为 1.2kN/m²（50mm 面层自重）+ 混凝土楼板自重，活载取值为 3.5kN/m²（商业功能楼面活荷载）。主梁截面取为 300mmx700mm，次梁截面取为 250mmx500mm，楼板厚度取为 120mm，柱子大小为 900mmx900mm、800mmx800mm、700mmx700mm、600mmx600mm，逐层递减。项目实施后，混凝土和钢筋用量大为减少，取得了良好的经济效益。

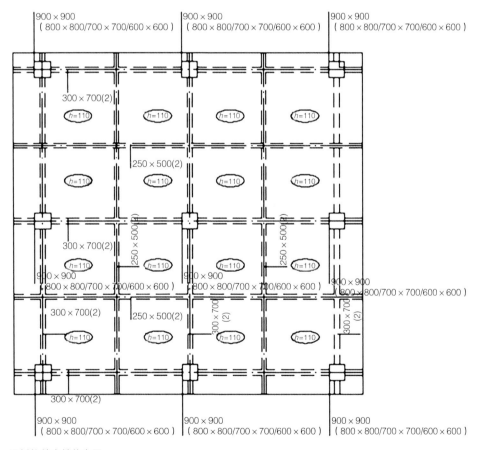

梁板柱基本结构布置

3）各单体之间大跨钢连廊设计。

该项目建筑部分商业单体之间设计了跨度为 21.6m 的连廊，结构设计除了要保证连廊的承载力、变形及舒适度要求外，还要根据项目的具体情况考虑削弱连廊对于连接主体的变形协调作用，并且减少连接节点处对主体结构的影响。

基于以上考虑，采用钢结构＋混凝土楼板的结构形式，钢梁与两侧主体结构柱或梁侧面连接，采用铰接连接节点形式，连廊两侧单体浇筑混凝土前放置预埋件，严禁后植筋。同时，利用 Midas Gen 建立钢连廊的有限元模型，采用时程分析的方法进行钢连廊楼板舒适度验算，经验算满足要求。

（3）材料

混凝土强度等级：地上各层为 C30，地下一层及基础为 C35。混凝土应满足腐蚀性及耐久性等相关要求。

钢筋强度等级：主要采用 HRB400 级钢。钢筋的材质应满足《混凝土结构设计规

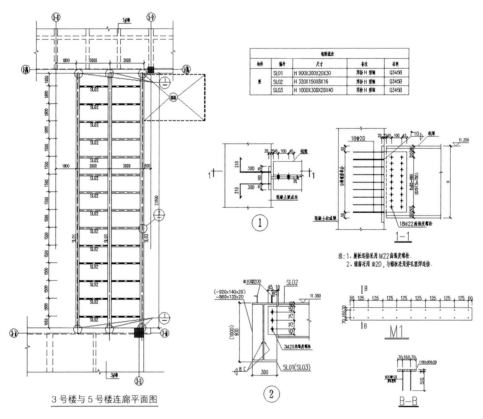

3 号楼与 5 号楼连廊平面图

钢连廊及节点连接示意图

结构现场照片 1

结构现场照片 2

结构现场照片 3

结构现场照片 4

范（2015 年版）》GB 50010—2010 中屈强比、伸长率、强度保证率等相关要求。

钢材强度等级：主体构件采用 Q345B 钢，埋板及连接件采用 Q235B 钢。钢材的屈服强度实测值与抗拉强度实测值的比值不应大于 0.85；应有明显的屈服台阶；伸长率不应小于 20%；应有良好的焊接性和合格的冲击韧性。

2. 暖通空调

该项目由多个单体通过公共空间连接为综合体，空调系统采用集中能源站，为各单体提供一次冷热源，空调二次系统根据招商业态和功能分布而进行深化设计。

项目周边燃气充裕，电力条件一般，没有市政热力配套，因此能源方式优先采用燃气，能源站选择溴化锂直燃机作为主要冷热源设备。根据负荷计算，夏季空调负荷约为冬季热负荷的 2 倍，直燃机选型以冬季空调负荷为基础，夏季负荷由直燃机和冰蓄冷系统联合提供。这种设计的优势在于可以控制单一能源方式的风险，并且夏季运行以冰蓄冷系统为主，可以充分利用峰谷电价，节约运行费用，以利于合同能源管理。

该项目空调系统设计的技术特色有以下几点：一次冷源系统采用 6℃/13℃大温差运行，节能运行效果显著；多能源互补的运行方式更加可靠；水系统输配形式为同程式系统，一次水泵定流量运行，系统可靠，控制方式较变流量系统简单。

3. 给水排水

该项目的特点是多个单体建筑通过公共空间联系为一个整体，因此给水系统要充分考虑不同业态、不同商业模式，确定用水量标准、水压标准，在这个设计原则的基础上合理进行设备选型和管网设计。

因为各个单体会有相对独立的需求，所以笔者认为每个单体设置一个给水系统相对合理。经与市政部门协调，具备无负压给水技术的条件，该技术最突出的优点在于可以充分利用市政给水压力，虽然分散布置机房，初投资会较高，但后期运行费用优势显著，而且各个单体根据招商情况，也可以分期分批进行设备采购和安装，大大降低一次性投资风险。

排水设计上，根据商业业态确定分质排水，分质处理的方案，餐饮楼等均预留了隔油池等条件；根据地下室高程特点，隔油装置设置于地下室，采用一体化隔油设备，干净整洁，避免对地下室环境造成污染，也便于管理。

该项目区域内屋面覆盖率高，雨水系统采用了成熟的虹吸技术，大大减少雨水排

总体布管效果

水系统数量，减少对室内环境的影响。由于前期工程设计时间较早，当时对于海绵城市的要求还没有执行，因此未考虑雨水的收集等措施，后期如果有条件能够进行海绵城市设计改造，该项目将更加有亮点。

管道细节

4. 电气及智能化

该项目3号地采用两级配电的形式，在7号楼首层设35kV/10kV主站，3号楼屋顶设1号10kV/0.4kV分站，6号楼屋顶设2号10kV/0.4kV分站，7号楼屋顶设3号10kV/0.4kV分站，9号楼屋顶设4号10kV/0.4kV分站，1号楼屋顶设5号10kV/0.4kV分站，按一级负荷要求供电。该工程装机容量为 $2 \times 12500kVA$，变比为35kV/10kV。35kV侧采用单母线接线；每段设进线隔离 1 回，进线受总 1 回，母线设备 1 回，计量出线 1 回。10kV 侧采用单母线分段接线；每段设进线受总 1 回，母线设备 1 回，站用变出线 1 回，电容器出线 1 回，线路出线 7 回，两段母线之间设母联。

该项目 5 号地采用两级配电的形式，在 12 号楼首层设 35kV/10kV 主站，16 号楼屋顶设 1 号 10kV/0.4kV 分站，12 号楼屋顶设 2 号 10kV/0.4kV 分站，11 号楼屋顶设 3 号 10kV/0.4kV 分站，按一级负荷要求供电；该工程装机容量为 2×12500kVA，变比为 35kV/10kV。35kV 侧采用单母线接线；每段设进线隔离 1 回，进线受总 1 回，母线设备 1 回，计量出线 1 回。10kV 侧采用单母线分段接线；每段设进线受总 1 回，母线设备 1 回，站用变出线 1 回，电容器出线 1 回，线路出线 7 回，两段母线之间设母联。

消防水泵、火灾自动报警、自动灭火、排烟设备、火灾应急照明、疏散指示标志等消防用电，经营管理用计算机用电、备用照明用电、生活水泵、中水泵电源按一级负荷供电，自动扶梯、空调用电按二级负荷供电要求，其他按三级负荷要求供电。

设置了广播系统、通信网络系统、计算机网络系统、综合布线系统、安全防范系统等智能化系统。

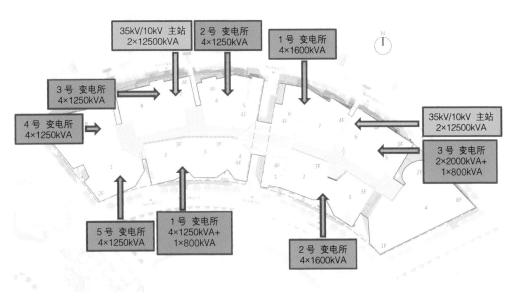

变电所位置图

04/ 应用效果

该项目为 2016 年天津市十大工程之一。

夜景鸟瞰图

室内商街效果图

商街人视效果图

陵水城市候机楼

01/ 项目概况

    该项目位于海南省陵水县东环高铁陵水站广场正南侧，北至高铁陵水站，南至海南环岛东线高速公路。地块占地 76.24 亩，位置优越，是集候机楼、配套酒店、商业、餐饮、货运物流、产权式酒店于一体的综合服务型项目。

02/ 设计理念

　　项目充分利用场地的地形特色和景观条件，运用城市设计的手法规划布局，创造相得益彰的生态环境，创造优质的综合体。

　　建筑单体沿用地红线周边布置，形成围合型的空间布局，充分考虑景观节点的均好性设计。

　　采用底层架空，保证建筑通风隔湿，同时通过架空层的设置使各个景观节点有机相连，视线隔而不断，无形中扩展景观空间，并使各个功能分区互不干扰。

半鸟瞰效果图

鸟瞰效果图

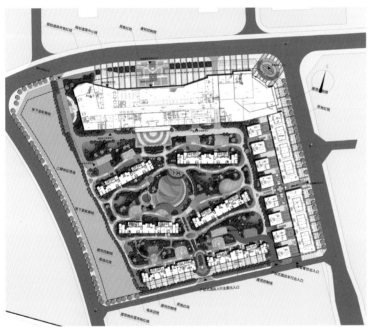

总平面图

03/ 技术亮点

1. 结构和材料

该项目抗震设防烈度为 6 度（0.05g），设计地震分组为第一组，基本风压为 0.85kN/m^2。工程基础采用钻孔灌注桩，墙下、柱下布桩，承台基础。

材料：钢筋采用 HPB300、HRB400 及 HRB500 级钢筋，钢材采用 Q235B、Q345B，混凝土强度等级为 C30 ～ C50。

（1）设计及施工难点：该项目候机楼商业综合体建筑高度 72.55m，地上 20 层，地下 1 层；结构平面横向宽度 13.80m，纵向宽度 73.20m，平面长宽比达到 5.30。结构验算表明，结构侧移起控制作用的是风荷载，侧向位移最大点处在结构平面中间部位，非两侧山墙部位。

（2）主要构造措施：结构布置结合建筑功能布置，将建筑电梯井及楼梯井侧墙布置成钢筋混凝土墙体，作为结构主要抗侧力构件；通过在结构平面部位设置一道温度后浇带，避免因结构纵向长度过长而设置结构抗震缝，便于建筑后期使用。

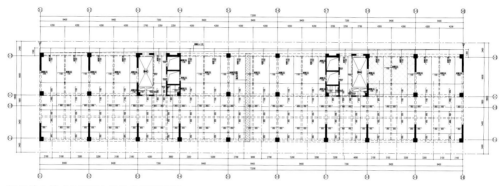

候机楼主楼（3 号楼）结构布置平面图

2. 给水排水

项目整体应用太阳能热水系统，将太阳能利用与建筑节能技术相结合，降低能源消耗，减少能源消耗所带来的环境污染，是该项目建筑节能的一个重要途径。

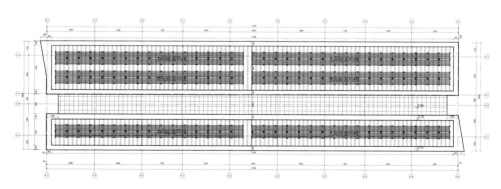

屋顶太阳能蓄热板布置图

屋顶太阳能板

　　该项目 6 栋产权式公寓屋顶最大化应用太阳能，给室内生活热水提供免费热源，每户室内设置换热储水罐，超出太阳能保证率的时段设置电加热辅助系统。

　　城市候机楼的高层塔楼部分为酒店式公寓，设计生活热水供水系统，系统分成高、低两个区，高区热源由屋顶太阳能系统和风冷热泵热水机组联合提供，低区热源由裙房屋顶太阳能系统和风冷热泵热水机组联合提供。

3. 电气及智能化

　　该项目从市政电网引入两路 10kV 电源，电缆埋地引至地下一层主变配电室。主变配电室设置 4 台 1600kVA 变压器，供电范围为 4 ～ 11 号楼及地下车库，分变配电室设置在 1 号楼，设置 2 台 1600kVA 变压器，供电范围为 1 ～ 3 号楼。

　　400V 低压配电采用单母线分段系统，正常时分段运行，当一台变压器检修或故障时，母联投入，满足重要负荷用电需要。

　　为确保重要负荷用电，设有柴油发电机组作为自备应急电源。发电机房设在 1 ～ 3 号楼地下车库，内设两台主用功率为 500kW 的柴油发电机组作为自备电源，火灾状态下作为1~11号楼消防设备的第三电源，平时作为1~11号楼重要负荷的第三电源。

绿色环保措施：

（1）采用低损耗环氧树脂浇注干式变压器，且变电所靠近负荷中心。

（2）采用电力电容器集中式补偿，将功率因数提高至0.9以上。

（3）采用高效节能灯具，荧光灯具配套电子镇流器。

（4）各区域照明照度标准及功率密度值按现行国家标准《建筑照明设计标准》GB 50034执行。

（5）小区路灯及庭院灯采用定时控制方式，集中管理。

（6）生活水泵、风机等动力设备采用变频等节能控制方式。

（7）动力，照明干线等均设置电能计量装置。

（8）选用节能灯具和电器设备。

（9）住宅部分楼梯及走道照明采用节能自熄开关，办公楼走道照明采用智能照明控制。

主站10kV开关柜一次接线图

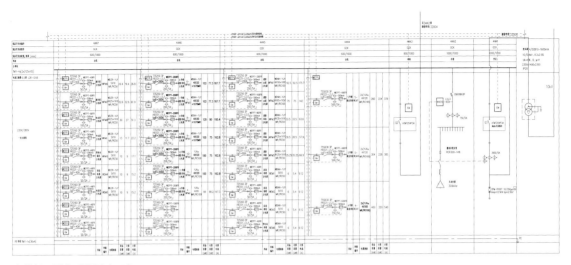

主站低压配电系统图（四）

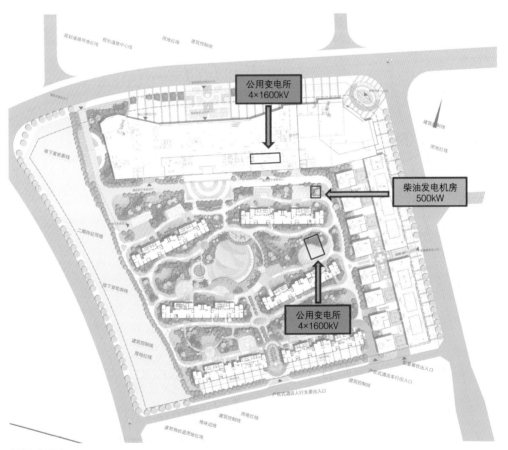

变配电位置图

04/ 应用效果

　　城市候机楼及全域旅客服务中心投入使用后，旅客在此可以提前办理登机牌等除登机前安检以外的全部手续，大大方便陵水及周边旅客的出行。城市候机楼具备异地值机功能，大大缩短旅客在机场航站楼内的停留时间，从而达到减缓前往机场航站楼客流压力的目的。同时，全域旅客服务中心还汇聚了旅游咨询、旅游服务、旅游投诉、地方资源介绍、旅游产品展示等功能，不仅可以发挥城市公共设施的一切作用，而且可以集散人、物和航空信息、情报，发挥城市交通枢纽设施的作用。

日景人视效果图

产权式酒店效果图

室内实景照片

胜芳国际家具博览城二期续建项目

01/ 项目概况

　　该项目位于河北省霸州市胜芳镇，总建筑面积约24.6万 m²，其中地上建筑面积约21.4万 m²，地下建筑面积约3万 m²。主要功能包括展览中心C馆办公楼、A座B座公寓、地下车库、材料城等，建筑类别涵盖了多层、高层公共建筑。

02/ 设计理念

　　该项目总体规划本着宜人、和谐、自然、可持续发展的原则，综合布局用地空间，合理安排功能分区；空间结构层次多样化；强调交通流线设计便捷性、集约型与功能性；平面布置简洁、清晰。物流优先系统：出入口分流加外环车道的道路系统，物流流线的单向性设计。

　　该项目场地为南北方向，受西侧胜芳家具博览城二期，南侧胜芳一期建筑的影响，在现有条件下最大限度提高土地使用率。使用功能以商业、办公、公寓为主，廊大路与霸杨线为主要客流方向，建筑南侧为主要货运流线。客流货流减少相互干扰。大部分人流将集中在建筑北侧，而车辆行驶路线主要从廊大路与霸杨线进入地上停车场。这样有效地将人车分流，并将地下车库的车辆出入口设置在东西两侧，避免造成交通压力。

　　建筑外观采取顺应功能要求的时尚大气设计。整体建筑造型力求做到功能构件精细美观、大方，不做多余装饰设计，以方便施工，节约投资。

　　后期变更：考虑建筑节能以及建筑使用功能，高层平面图由圆角改为直角，立面由玻璃幕墙改为砌体墙外刷真石漆。

日景人视图 −1

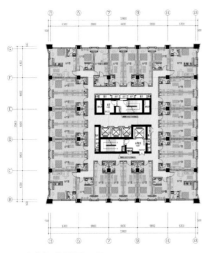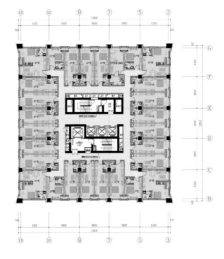

CD 公寓标准层平面图

03/ 技术亮点

1. 结构和材料

AB 公寓、CD 公寓为近百米高层建筑,独立的 4 个塔楼呈四角点状式分布,互相辉映,结构体系为钢筋混凝土框架 – 核心筒结构,抗震等级为二级;抗震设防烈度 7 度;设计基本地震加速值 0.15g;水平地震影响系数最大值 0.12;地下车库为钢筋混凝土框架结构。结构主要材料有强度等级为 C60 ～ C35 的混凝土、HRB400 级和 HRB500 级的钢筋。

地面上方 4 座高层公寓与下方两层地库形成大底盘 + 多塔的结构体系,高层公寓的嵌固部位为地下一层顶,考虑到地库与主楼交接处不可避免地受到上部结构水平地震作用力的影响,将地库中与主楼相邻两跨范围内框架梁柱的抗震等级由三级提高至二级,增加了该区域框架梁柱的延性,提高了整个结构体系的抗震性能。

地上 4 栋百米公寓为框架 – 核心筒结构,设计目标是在地震作用下,核心筒部位和外围框架部分协同工作,形成双重抗侧力体系,由于外围框架柱距较大(8.1 ～ 10.5m),相对于核心筒部位,框架部分的刚度较小。这种情况下,有可能在强烈地震作用下,由于核心筒刚度较高,承担了大部分的剪力作用而损伤,引起结构内力重新分布,从而使得原本作为二道防线的外围框架部分也会承担较大的地震作用,设计时,从首层到顶层的外围框架柱箍筋均全高加密,箍筋直径不小于 10mm,提高了框架柱的延性,避免框架部分由于剪力过大造成脆性破坏。

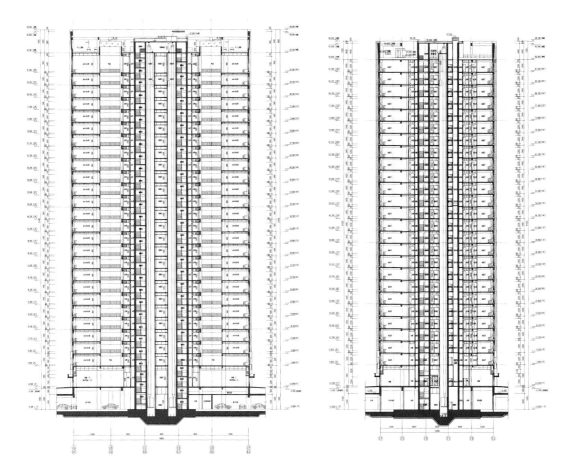

A、B 公寓剖面图

C、D 公寓剖面图

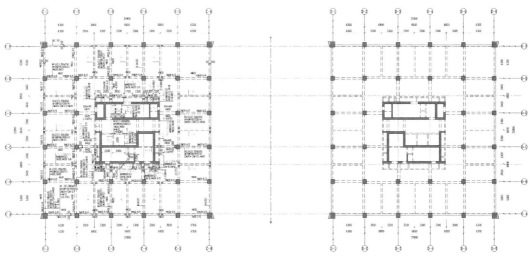

C、D 公寓结构平面图

地库施工现场照片   上部结构施工现场照片

2. 暖通空调

（1）技术方案

热源采用冷凝真空热水机组 + 换热机组，二次侧供 / 回水温度 40℃ /30℃，采用地板辐射供暖。其中热水循环系统中，采用变频定压补水泵。公寓采用共用立管的分户独立供暖系统，分高低区，一~十三层为低区，十四~二十六层为高区。在热力入口处及供、回水管的分支管路上根据水力平衡要求设置水力平衡装置。各房间分、集水器均安装恒温阀，实现室温可控。空调选用分体空调，能效等级为 2 级。

所有设备均采用节能产品，风管与水管及其他设备的保温采用优质高效保温材料，保温厚度满足节能要求。

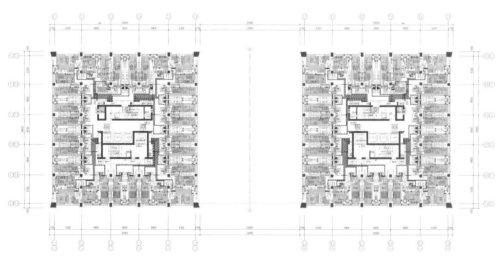

C、D 公寓标准层供暖平面图

（2）技术特点

加压送风，地上地下分别设置。排烟竖向分为 2 段，每段长度不超过 50m，在十三层及屋顶设排烟机房。排烟口尽量采用侧壁式排烟口，减小对净高影响。

3. 给水排水

水源为市政水，给水系统竖向 4 个分区，低区为一～三层，市政直供；中区（四～十一层）、中区（十二～十九层）、高区（二十～二十六层）均由箱式无负压设备加压后供水。分区压力不大于 0.45MPa。每个分区分别设置水泵，节水节能。按不同分区分户设置水表计量。每套采用 IC 卡水表。

设有中水系统，分区等情况同给水系统。

首层按商户预留给水排水点位，预留做厨房的可能。并在地下一层预留隔油提升间及设备。公寓空调冷凝水间接排水。

消火栓系统及自喷系统竖向分为 2 个分区，十四层及以下为低区，十五层及以上为高区。高区（十五～二十三层）、低区（十一层及以下）采用减压稳压消火栓。同一分区相邻建筑室外水泵接合器合用，不同分区不同系统分别设置。

4. 电气及智能化

该项目续建部分主要为地下车库和四栋高层公寓，电气设计考虑坚持以人为本和绿色、健康的理念，充分考虑对城市生态环境因素的影响，做到安全适用、技术先进、经济合理。

由市政引入双路 10kV 电源为项目供电，两路电源同时工作，互为备用。该项目变

空调机房内景图

给水机房内景图

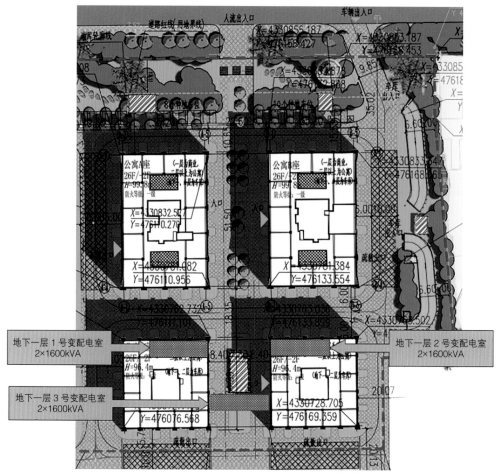

变电所位置图

电所均设在地下一层，共设置三座变配电所。1 号变电所主要为 A、B 栋公寓供电，2 号变电所主要为 C、D 栋公寓供电，3 号变电所主要为地下及底商供电。

该项目设置柴油发电机组作为备用电源，柴油发电机房设置在一期地下一层，与一期项目共用。柴油发电机组在平时处于自启动状态，当两路市电均中断时，柴油发电机组在 30s 内启动，为重要负荷供电。当市电恢复正常供电后，机组能够自动切换至正常电源，机组自动退出工作，并延时停机。

公寓的公共走廊采用智能照明控制系统，其主要目的是节约能源，便于管理。智能照明控制系统借助不同的预设置控制方式和控制元件，对不同时间、不同环境的光照度进行精确设置和合理管理，实现节约能源。智能照明控制系统以调光模块控制面板代替传统的开关面板来控制灯具，可以有效控制各区域内整体的照度均匀性，这种控制方式采用的电气元件也解决了频闪效应，可有效改善眼部不舒适和疲劳的感觉。

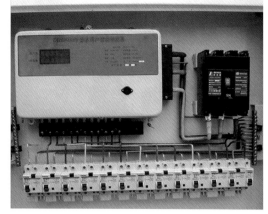

多用户集中式智能电表配电箱

该项目为商业、办公、公寓综合型建筑，用户众多，如采用传统的 IC 卡计量模式，将会使后期运营收费及管理工作十分繁琐。该项目电能计量选用多用户集中式智能电表进行设计，该电表具有体积小、抗电磁干扰、功耗低、方便管理等特点。智能集中式电表设在各层电井内，同时在公共区域适当位置设置查询缴费终端，方便用户使用。根据计量的需要，所采用的多用户集中式智能电表可采用复费率计量方式，满足执行峰谷分时电价的要求，且计量数据可以远传至管理用房，具有远程抄表远程管理的功能。

04/ 应用效果

该项目建成后受到业主及使用方的一致好评。

日景人视图 –2

夜景人视图

公共卫生间

室内效果图

Neighborhood Commercial
Complex

街区式商业综合体

名豪百年商业文化广场文旅城一体化项目

合肥九华山路社区公共服务中心

东方市八所中心渔港升级改造／渔业风情街

泰兴市奥特莱斯购物公园

名豪百年商业文化广场文旅城一体化项目

01/ 项目概况

　　该项目位于重庆市最北端的城口县，用地紧邻城口县人民医院、城口县中学，距城口县政府直线距离不超过 500m，距城口县汽车站直线距离不超过 300m，占地接近81 亩，南侧紧邻任河河岸及任河路，东接文华路，西至广场路，北邻步行街、商业街，是城口核心城区重要的旧城改造项目。

　　项目总建筑面积46.19万 m^2，建筑内容包括：11座 30 层高层住宅，1座24层公寓，1 座小学，1 座幼儿园，11 万 m^2 的 4 层商业，1 座大型车库及部分地下商业、机电用房等。

02/ 设计理念

（1）打造城口中心"地中海风情商业街"。该项目力求打造集时尚、休闲、餐饮、娱乐、商务、居住、旅游、教育多种城市功能于一体的中国小城市"标杆"城市综合体，是未来重庆北部"大巴山门户"，辐射渝、鄂、川、陕。

（2）"一带两心三大街"的总体规划结构："一带"——滨江景观带，也是城市的水上公园带，为整个城市带来优越的宜人纯步行景观环境；

"两心"——滨江百年广场、中央广场，是该项目的两大核心，为步行系统提供清晰的标识指引；

"三大街"——东大街约160m，连接中央广场与用地北侧成熟繁华的步行商业街；西大街约95m，引导广场路人流通往百年广场、中央下沉广场；南大街约93m，将中央广场的人群带到百年广场、滨江水上公园。

（3）利用地形高差，合理组织交通：车行交通：在项目用地范围内利用现状防洪堤坝安排12m宽的车行道，实现城区交通车流通行，兼顾货流、车流出入口等流线问题，设置公交港湾、出租车港湾接驳人流出入一层。在地块东侧规划设计一条7m宽的单向双车道作为主要的辅助通道，解决大部分商业、住宅车流及少部分货流出入地块内部。

步行交通：强调步行优先的设计原则，参照意大利山地旅游小镇的"步行天堂"模式，整个步行流线畅顺完整，层次丰富，并且绝大部分公共步行区域向城市实现24h全天候开放，真正体现城市开放空间的强大生命力。

（4）优化景观空间，设计城区最大面积屋顶花园。该项目位于县城中心，寸土寸金，为获得最多的绿化面，利用地形特点，规划了不同标高的建筑，充分利用建筑屋顶面积，设计屋顶花园，形成立体的城市绿化。

（5）根据重庆山城的自然特色，规划设计充分利用地势高差。建筑的内街、广场设计成3个不同的标高。建筑层层叠叠，错落有致。

从东南角端临近南门隧道与老桥交叉口节点（海拔742.00m）起，往西经滨江商业街屋顶露台，折至"城市阳台"后再北上100m，再向东折连接学校集散广场再通至文华路（海拔747.00m），全长约500m，空间开合变化，连绵不断，让人身处风情商业氛围之中，异域体验突出鲜明。

（6）在建筑局部空间处理上，有机结合商业业态、竖向高差、流线连接等细节处理，内街节点设计了扶梯，为商业的交通组织提供便捷。这在当地是鲜有的做法，从而为该项目长期运营奠定优良的"人气"基础。

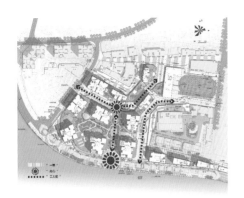

"一带两心三大街"的规划分析图

景观分析图

功能分析图

交通分析图

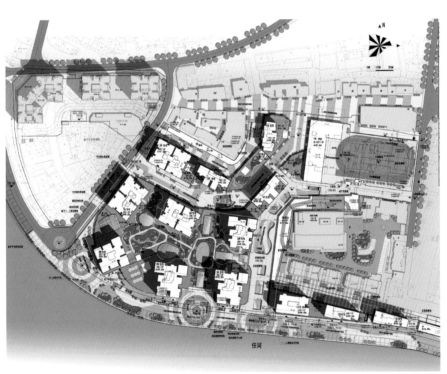

总平面图

商业街效果图

商业内街效果图

商业屋顶花园效果图

地下二层平面图

地下一层平面图

首层平面图

二层平面图

三层平面图

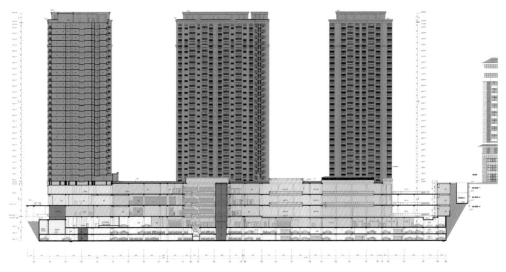

建筑剖面图

03/ 技术特点

1. 结构和材料

该项目为商业综合体，集住宅、学校、商业、酒店等不同性质的建筑于一体，建筑平面复杂。场地类别为Ⅱ类，抗震设防烈度为 6 度（0.05g），设计地震分组第一组，商业楼商业部分抗震设防分类为重点设防类、上部住宅为标准设防类，学校抗震设防分类为重点设防类，其余住宅抗震设防分类为标准设防类，设计使用年限为 50 年。

（1）部分框支剪力墙高位转换

该项目是集商业和住宅功能于一体的高层建筑，结构高度为 103.35m，结构采用部分框支剪力墙结构体系，转换层设置在四层，属于高位转换，底部加强部位剪力墙、框支柱抗震等级为一级，抗震构造措施为特一级；五～六层剪力墙抗震等级为二级，抗震构造措施为一级；其他部位剪力墙抗震等级为三级，抗震构造措施为三级。

（2）大跨度

学校操场处采取了钢筋混凝土大跨度框架结构，跨度长达 25.5m。由于山区不便运输大型钢材，当地预应力施工技术不成熟，为适应当地客观条件，采用单向密肋梁结构。跨度大的梁，跨中按 3‰起拱。

（3）长悬挑

商业 742 大平台最大悬挑 6m，采用单向密肋梁悬挑，悬挑梁采用变截面的形式，

框支剪力墙的高位转换现场照片　　　　　　　　　　学校风雨操场大跨屋顶实景照

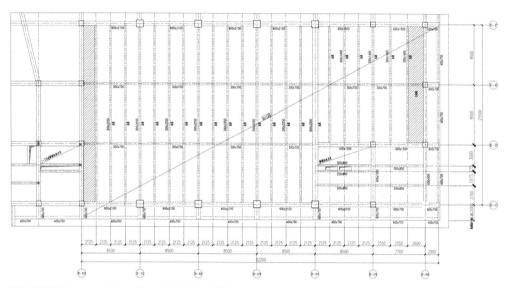

学校风雨操场 25.5m 单向大跨密肋梁平面布置图

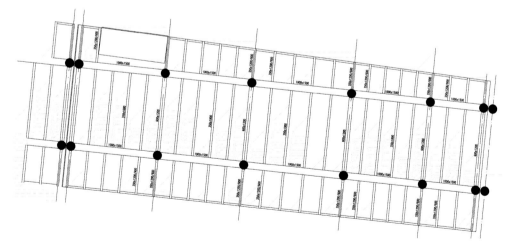

商业 742 大平台悬挑 6m 平面布置图

减轻结构自重，并节省材料用量。

2. 机电设计

（1）给水排水设计关注节能、低碳

该项目功能多样，利用地势高差，内部空间错落有致。室内外交融互通，共享空间设计有球形中庭、滨河步道、滨河景观平台、屋顶花园、透光顶棚，新颖独特，处处体现开放式购物公园的先进理念，为消费者提供愉悦的购物环境。

商业742大平台悬挑6m现场照

依据不同的建筑性质，结合日后运行维护的特点，共设3处给水泵房，分别为：学校给水泵房、住宅给水泵房、商业给水泵房。充分利用市政压力和地形优势，地下至地上商业四层为市政直供；其余采用水箱、变频水泵分区供水。给水泵房位于地下一层，内置变频泵和生活水箱。

（2）消防系统安全可靠、智能化

消防系统设计既要充分保证各个使用功能、使用空间的安全，又满足智能操作的要求。

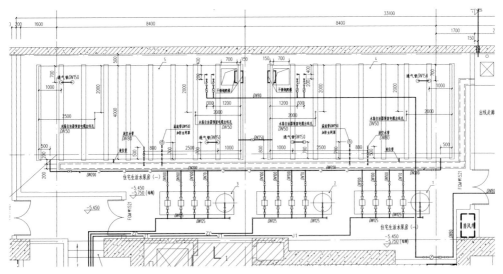
泵房平面图

项目设有室内外消火栓给水系统、自动喷淋给水系统。商业挑空区高度大于18m空间配置大空间智能型主动灭火系统，实现智能型探测组件有效探测和判定火源；同时纳入建筑物火灾自动报警及联动控制系统，由建筑物火灾自动报警及联动控制器统一控制。裙房商业建筑立面利用玻璃、磨砂玻璃、金属板及石材形成体块相互咬合、错落丰富的空间造型。对于步行街两侧采用非隔热性防火玻璃门或窗的商铺设置窗玻璃防护冷却系统，边墙型喷头安装在玻璃的内侧。地下住宅商业变配电室、开闭站、面积大于20m²的强弱电间、有线电视机房及通信机房等设计有气体灭火，采用七氟丙烷全淹没无管网系统。

　　（3）暖通空调设计秉持绿色、生态、科技理念

　　该项目冷热源按三部分独立设置，其中商业、学校风雨操场采用3台离心式冷水机组+2台真空热水锅炉；影院、KTV、超市采用风冷螺杆式热泵机组；住宅采用风冷分体式空调。空调水系统采用一级泵变流量两管制系统，在空调机组支管上设置动态压差发，以适应流量变化。超市、学校风雨操场采用热回收型双风机一次回风全空气系统，

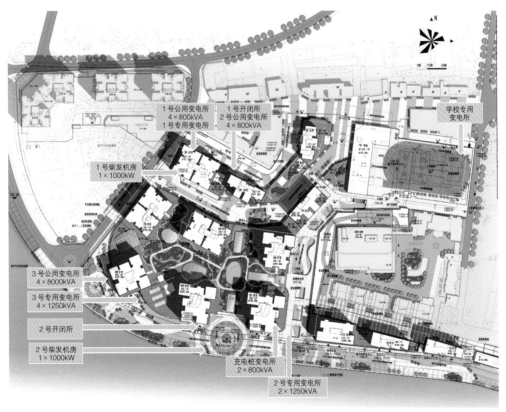

变配电室位置示意

过渡季节采用全新风运行；KTV 包间采用风机盘管加新风系统，影院各影厅设置独立空调机组，以适应各区域不同的使用时间需求。

根据单体使用功能，选取了多种冷热源形式。商业楼采用一级泵变流量系统，可根据负荷变化末端流量，实现系统高效运行。超市设置的热回收机组，降低了新风能耗。地下车库采用 CO 浓度及时间程序控制通风设备的启停，保证室内空气品质及运行节能。

（4）合理配置变配电站房对大型综合体项目至关重要

该项目为商业居住综合体项目，体量较大，共设置 2 处 10kV 开闭站和 2 处柴油发电机房，变配电所深入负荷中心，商业、制冷站、住宅、学校分别设置变配电所。设置柴油发电机作为备用电源，增加整个系统的供电可靠性，柴油发电机房为消防负荷和重要负荷（电梯、公共照明等）提供电源保障，在变配电所设置独立的应急母线段并与普通配电柜间隔布置，保障其供电可靠性。

3.BIM 设计

该项目 BIM 设计涵盖 14 号、15 号、16 号、17 号、18 号 –1 商业及地下工程。BIM 技术通过把信息数字化来建立一种虚拟的三维立体模型，设计人员可以直观地参考

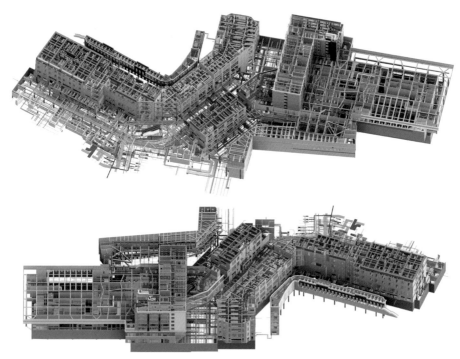

BIM 模型

模型对建筑设计进行修改和完善，从而设计出更加有效的设计方案。BIM 设计确保建筑项目设计的有效性，同时有效提高建筑工程的施工效率，提升建筑品质。

04/ 应用效果

　　该项目是一个集文化旅游、餐饮购物、休闲娱乐、商务办公、居住教育等为一体的现代城市综合体，优势是项目位于城口核心中的核心，周边有最好的学校、最好的医院；周边人口密集度位居国内中小城市前列，项目的成功打造，必将对提升城市形象、促进商业升级、助力地方脱贫攻坚、推动经济发展起到重要作用。

现场照片

合肥九华山路社区公共服务中心

01/ 项目概况

　　该项目地处合肥市包河区宁国路与九华山路交口，位于九华山路南侧，东临安徽广播电视大学，西接安徽省三建四公司。规划用地面积10602.13m²（15.90亩）。由地上配套用房和农贸市场用房、地下农超、地下车库及人防工程四部分组成，配套用房以1～2层建筑为主，局部3层；地下部分为两层建筑。项目用地为矩形，规划地块地势南高北低，入口毗邻九华山路。

02/ 设计理念

1. 设计理念："创新构思"

依托于合肥城市高速发展，市民物质与精神生活需求的提升，该项目根据场地现有条件，充分吸收传统元素，借鉴古民居、古街坊规划与布局，外形保留传统建筑神韵，内部功能以现代手法演绎，街巷空间与建筑形式做到丰富而有韵律。地上配套用房和农贸市场用房、地下农超及停车库三部分设计达到风格上相互融合，功能划分与交通组织上避免相互影响，互生互融。

建筑主体形象充分考虑借鉴吸收中国传统的建筑元素，同时根据实际功能作调整和改进。建筑立面主要采用砖石、混凝土、彩铝等建筑材料，彩铝花格窗架采用中式民居中所使用的传统风格。在整体中国化、民俗化的建筑群落形象中，将部分门窗用现代的手法演绎，形成传统文化韵味与现代商业功能相结合。屋顶为坡屋顶，局部点缀徽派古建筑。建筑立面上均采用挑檐与外廊相结合的手法，建筑细部上采用挂落、廊柱等传统样式构件，力求形成韵味十足的中国传统风格。

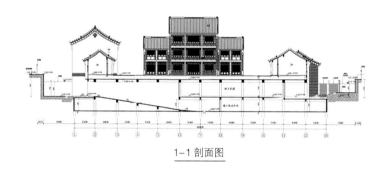

1-1 剖面图

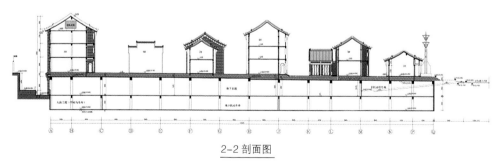

2-2 剖面图

场地及建筑剖面图

建筑群内景透视

2.场地和建筑

（1）街、巷、坊、广场的空间序列

配套用房和农贸市场用房以营造富有市井生活氛围并结合传统民俗文化为设计宗旨,用建筑相互退让、围合,形成丰富多变的街坊空间。建筑在室外空间中得到适当延伸,形成理想的空间氛围。

（2）外环境与内部的屏与障

项目入口采用了开放的处理方式。场地边界以景观挡土墙分隔,挡土墙设计风格与配套用房、农贸市场用房保持统一格调。在保证了内部空间完整性的同时,有效隔绝了周边环境对项目的不良影响。

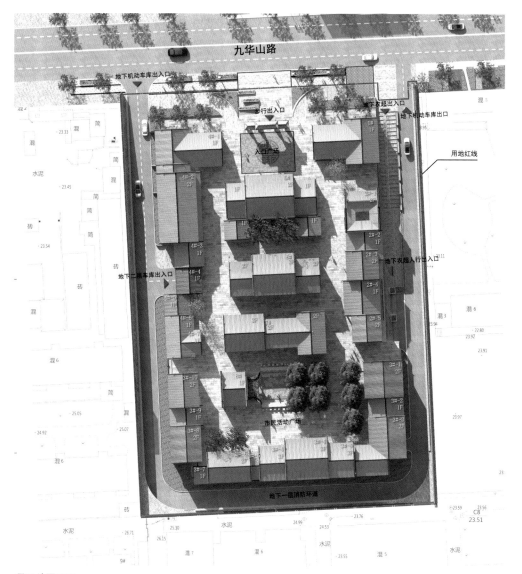

项目总平面图

03/ 技术亮点

1. 结构和材料

　　拟建场地抗震设防烈度为 7 度，设计地震基本加速度为 0.10g，设计地震分组为第一组，场地类别 II 类，场地特征周期 0.35s，建筑结构安全等级为二级，抗震设防类别

项目施工过程图

为丙类（标准设防类），设计使用年限为 50 年，基本风压 0.35kN/m²，基本雪压 0.60kN/m²，地面粗糙度为 B 类；项目由两层地下室和上部多栋塔楼组成，塔楼为上部 2 层，局部 3 层，地下二层局部有人防区域，防护等级为核 6 常 6；项目结构体系采用框架结构，抗震等级为三级，混凝土强度等级地上构件均为 C30，地下均为 C35，基础混凝土强度等级为 C30，抗渗等级为 P6；因抗浮水位为室外地坪以下 1m，该项目采用筏板配重的方式抗浮，筏板采用 800mm 厚，配重材料选用砂和碎石，确保抗浮设计满足要求；地下水对混凝土及混凝土中钢筋具有微腐蚀性，

对钢结构有弱腐蚀性；基础设计根据荷载特点和工程地质情况采用筏板加上柱墩基础，基础垫层采用 C15 细石混凝土、钢材主要为 Q345B、钢筋主要为 HRB400。

2. 暖通空调

该项目地上部分配套用房和农贸市场用房（1~2 层，局部 3 层），采用自然通风和排烟形式，具有节能性、舒适性、环保性等特点。地下二层使用功能为地下农超、地下车库及人防工程，采用机械排烟系统。

3. 给水排水

（1）应用优质的给排水管材与节水设备

在环保节能理念应用过程中，强调优质给水排水管材和节水设备的应用。经过相关测试，城市自来水对建筑给水排水管道都具有一定的腐蚀性，影响给水排水管道应用效果的同时会缩短其寿命等。该项目设计从环保、节能的角度出发，选择当下新型、优质的建筑给水排水管材，防水性、防腐蚀性等都比较高，防止出现渗水、漏水等隐患问题，避免实际应用中不断被腐蚀，保证城市生活用水传输过程中有着较高的质量，在源头上控制用水污染。在合理设计中将适宜的节水设备应用其中，比如，节水型的配水器具、卫生器具、容积比较小的水箱便器，高节能性的卫生坐便器，达到节约水资源的目的。同时，耐用型水龙头的有效使用，比如，陶瓷芯水龙头，在源头上解决建筑给水排水过程中水龙头漏水、滴水等问题，在水资源利用率全面提升中达到节能、减排的目的。

（2）利用太阳能技术，深化热水供应循环系统

太阳能是一种清洁、可再生的能源，符合当下提出的环保、节能等理念。该项目设计立足环保节能理念，将太阳能技术应用到建筑给水排水设计中，将适宜的太阳能装置设在高层建筑的屋顶，利用太阳能集中供热的方法，将太阳能技术灵活、高效地应用到生活用水加热系统，在控制能耗的基础上将对周围环境的污染程度最小化。

对节水设备进行合理化选择，在持续供应热水的基础上最大化降低应用其中的成本，科学布置热水供应循环系统，巧用其中的支管循环以及立管循环方法，提高水资源的利用程度。

（3）减压与中水回收系统

在落实环保、节能等理念中，该项目设计注重建筑给水排水的减压设计，这是在高水压持续作用下，建筑给水排水系统设备的损坏程度日渐加重，水资源不能得到高效利用，后续维修难度系数也比较大。针对这种情况，从环保以及节能两大层面入手，针对建筑给水排水系统设备特征、性能等，进行科学化减压设计，准确把握建筑用户日常生活中的用水量以及水龙头的损坏率，将适宜的减压装置合理设在相关位置，实时、动态、高效控制水压，促使建筑给水排水系统设备运行中水压且有较高的稳定性，防止频整出现超压情况的同时达到能耗降低的目的。在此过程中，合理设计中水回收系统，促使建筑给水排水运行中生产生活污水能够及时得到有效回收，在新技术、新设备层次化作用过程中，对其进行有效无公害加工处理，确保各方面质量达标，将其应用到清洗公共设施、小区绿化灌溉等方面，在水资源循环利用过程中尽可能减少日常建筑污水的排放量，保护城市生态环境的同时降低污水处理方面的成本。

（4）系统优化

在建筑给水排水设计中，为了更好地实现环保节能理念，建筑给水排水系统的设计应该与建筑的结构、功能和使用方式相结合，做到高效率和可持续性。同时，在设计过程中应考虑到人类生活和环境保护之间的平衡，从而确保设计方案更科学、更节能和更环保。

4. 电气及智能化

项目工程范围为红线内的电气系统，包括变配电系统，照明系统，建筑物防雷、接地系统及安全措施，火灾自动报警及消防联动控制系统。

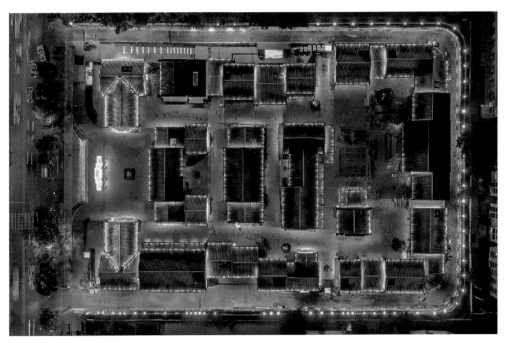

项目亮化设计平面图

项目亮化设计鸟瞰图

04/ 应用效果

（1）城市更新，老城再起芳华。地上一层文化街区采用灰砖灰瓦的中国传统建筑，打造 "中国（合肥）地理标志展示推广中心"，汇集了安徽省 16 个地市的地标城市馆以及新疆馆、长三角地标综合展馆等，融合展览、科普、体验、贩售等功能，对名、特、优地理标志产品进行集中展示。

（2）安徽地标，助力乡村振兴。建设中国（合肥）地理标志展示推广中心，改变了当前地理标志产品以地方合作社销售为主，实体门店少的现状，能够有效整合长三角区域地理标志产品资源及优质农产品资源，打造线上线下集中展示推广空间，是推动高质量发展、助力乡村振兴、融入长三角一体化的重要举措。

（3）文旅活化，打造创新样板。老城区治理是每个快速发展城市的难题，该项目契合了合肥城市"微更新"的需求，地下一层做标准化菜市场，对照明、通风、排水、店招等方面统一优化，并划分为蔬果区、生鲜区、杂货区、熟食区和超市，消除旧菜市消防、食品安全隐患，满足经营实用性需求，为消费者营造舒适安全、快捷便利的消费环境。同时，打造非机动车停车场与机动车停车场，有效缓解了老城区停车难问题。

实景鸟瞰

局部实景照片

局部实景照片

东方市八所中心渔港升级改造 / 渔业风情街

01/ 项目概况

该项目位于海南省东方市滨海片区，用地三面临海，东侧紧邻拟建环岛旅游公路。与饶承东建筑工作室密切合作，对渔港码头区城市更新的规划设计开展了深入的研究与探索。

八所中心渔港是海南省六大中心渔港之一。该项目为紧邻渔船码头的陆域区域，规划用地面积 9.37hm^2，规划总建筑面积约 6.53 万 m^2，其中渔港商业区规划建筑面积约 3.93 万 m^2，渔港产业区规划建筑面积约 2.6 万 m^2。

02/ 设计理念

该项目集商贸、休闲渔业功能于一体，是一个多元型、低碳环保型现代化综合渔港。在设计过程中将传统文化与属地文化相结合，创造独一无二的文化消费内容。融入城市文化、城市景观，打造城市会客厅。

项目所在位置城市界面较小，沿海景观丰富，首先要考虑利用核心价值区域带动内部其余的活力，还要考虑利用节点及动线规划达到价值空间的提升与延续。利用丰富的空间变化与退台式设计，通过强烈的主动线规划和亲海平台，打造的风情街区。

整体鸟瞰图

海景鸟瞰图

03/ 技术亮点

1. 结构和材料

（1）工程概况

该项目位于主要包括：仓储区、商业区、渔需办公、瞭望塔。仓储区是渔港的核心部分，建筑功能分区：污水处理站、制冰厂、生产车间、冷库配套建筑、冷藏间（冷库）。地上 1 ~ 3 层，采用钢框架结构或门式刚架结构。主体高度 8 ~ 17.7m 商业区包含七个结构单元，无地下室，地上 1 ~ 2 层、局部 3 层，层高 4.4 ~ 6.1m，采用钢框架结构，主体高度 11.1m。瞭望塔分两部分，地上 1 层，分别为钢框架结构和混凝土抗震墙结构，钢框架结构高度为 4.1m，混凝土抗震墙结构高度为 15.6m。渔需办公，地上 4 ~ 5 层，无地下，钢框架结构，主体高度 15.882 ~ 23.1m。

（2）地基和基础设计

根据海南水文地质工程地质勘察院于 2022 年 5 月提供的岩土工程勘察报告，拟建场地存在填土，工程性能差，最大厚度约 7m。场地局部地段存有软弱下卧层的淤泥质黏土，呈流塑状，工程性能差。此外，局部地段的砾砂层夹有淤泥。由于地质条件的限制，在经过技术比选后采用了预应力管桩基础方案。根据桩基检测报告，桩长选用 28m，单桩竖向承载力特征值为 1100kN，桩端持力层为 7 粉质黏土层。工程所处场地的抗震设防烈度为 6 度。设计基本地震加速度值为 0.05g，设计地震分组为第一组，场地类别为Ⅱ类。由于场地属于对建筑抗震不利的地段，因此在设计中特别注意了结构的稳定性和耐久性。

（3）防腐设计

由于项目靠近海岸，防腐问题尤为重要。根据《海南省建筑钢结构防腐技术标准》DBJ 46-057—2020，采用滨海区域近岸腐蚀体系（距海岸线 1.5km）。

地下水对混凝土结构具有中等腐蚀性，对钢筋混凝土结构中的钢筋在长期浸水时具弱腐蚀性，在干湿交替环境下具强腐蚀性。海水对混凝土结构也具有中等腐蚀性，并对钢筋混凝土结构中的钢筋在不同环境下具有不同程度的腐蚀性。场地浅层土对混凝土结构具微腐蚀性，对钢筋混凝土结构中的钢筋具弱腐蚀性。因此，在选材和施工过程中，充分考虑使用耐腐蚀材料，并采取相应的防护措施。

（4）瞭望塔设计

瞭望塔是一个外形像三颗钉子的构筑物，结构包括三个剪力墙圆筒、连接梁和悬挑构件。

为了增强悬挑部分的抗震性能，瞭望塔的悬挑构件进行了性能化设计，满足大震弹性。设计过程中还考虑了竖向地震力的作用，以确保悬挑构件在大震情况下能够处于弹性工作状态且有足够的稳定性。

为了增加悬挑梁的锚固性能，支座部分对圆筒进行了加强。具体做法是在原有圆筒的基础上，在其横截面的腋部加宽，从原先的 200mm 加宽到 600mm。这样的设计可以提供更强的支撑和锚固能力，确保悬挑梁的稳定性和安全性。

通过上述结构设计，瞭望塔能够同时满足外观特点和结构性能的要求。悬挑部分

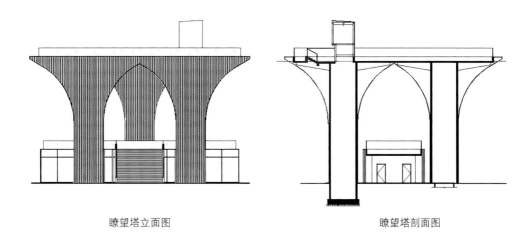

瞭望塔立面图　　　　　　　　　　　　瞭望塔剖面图

经过性能化设计和腋部加宽的处理，能够在大震情况下保持稳定，并且在地震力作用下完好、无损坏。这样的设计保证了建筑物的整体结构安全性，使得瞭望塔能够承担其功能并具备良好的抗震性能。

2. 暖通空调

（1）冷源及空调设计：办公、商业、仓储办公区采用多联机空调系统，室内机采用风机盘管系统；仓储出货穿堂区采用螺杆式乙二醇冷水机组＋空调箱系统，一层车间区采用螺杆式冷水机组＋冷风机系统；冷库、速冻间、二次冻结装置、冷藏库均采用螺杆并联机组＋蒸发式冷凝器制冷系统。

（2）通风系统设计：办公楼公共厨房为明厨，全面排风采用机械排风兼事故排风；设计局部排油烟系统；燃气表间设计常开开防雨百叶；自然补风。公共卫生间、配电间设机械排风，汽车库采用自然通风；变电站采用机械通风，机械排风兼事故后排风，制冷机房采用机械通风，排风机兼事故风机。另外，仓储的理鱼打包区、存储区、一层车间区、污水处理区等均采用机械通风，保证空气卫生条件。

（3）防烟排烟设计：该项目只设有封闭楼梯间，均采用自然通风的防烟形式；办公一～三层走道采用机械排烟，其余区域采用自然排烟；商业所有区域均采用自然排烟方式；仓储理鱼打包区、车间及走道采用机械排烟，自然补风。

3. 给水排水

（1）重点：给水系统及污水处理系统为整个该项目的中间环节，既需要供应陆域的需求，还需满足码头的需要。

（2）难点：建筑面积大，功能组成复杂是其自身的设计难点。

（3）技术特点：生活用水水源为市政自来水，从滨海景观路市政给水管道引入一根 DN150 给水管道，供应陆域及码头用水，给水水质需满足现行国家标准《生活饮用水卫生标准》GB 5749。生活给水系统充分利用城镇供水管网的水压直接供水，生产给水系统采用水箱加变频恒压供水装置加压供水，二次供水进行消毒处理。该项目系统无超压出流现象，用水点供水压力不大于 0.20MPa，超出 0.2MPa 的配水支管 设减压阀，且不小于用水器具要求的最低工作压力。

该项目按一次火灾进行消防系统设计。室外消火栓系统用水由市政自来水直供。室内消火栓系统及自动喷淋灭火系统采用临时高压消防系统。不宜用水灭火的区域采用七氟丙烷气体灭火系统。

　　场地内建设项目没有排放超标的污染物。污水经管道收集后排入小区污水管网，餐饮污水经隔油池、生活污水经化粪池、生产污水和码头初期雨水及渔船生活污水经过污水处理站处理后排至市政污水管网，污废水排放处理达到二级标准。

　　热水系统中办公宿舍及配套食堂及浴室的生活热水由太阳能热水系统供给，其他区域热水采用小型容积式电热水器供给。

　　采用多种雨水入渗措施增加渗透，超过雨水收集和渗透能力的雨水将溢流至雨水管道接入市政雨水管网。

4. 电气及智能化

　　该项目分别由办公楼、加压加气站、商业街、仓储厂房四种不同类型的建筑组成，使用功能复杂，既有工业建筑又有民用建筑。

　　（1）供配电系统设计：鉴于该项目使用功能的复杂性，经多方案比选，最终确定商业区域独立设置1处变配电室，厂房区域设置2处变配电室为工业厂房、加压加气站及物业管理办公楼供电。

　　（2）光伏发电系统：在仓储区屋面全覆盖铺设光伏发电组件，预计敷设光伏组件4844块，光伏发电系统装机容量2179.8kW，预计使用周期内发电量8174.25万kWh。

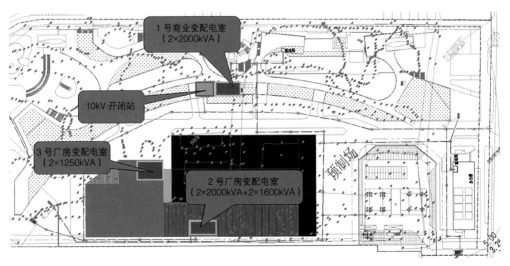

配电室位置图

2179.8kW 光伏电站运行周期内的社会环境效益统计表

项目	年平均值	25 年总量
年均发电量（万 kWh）	326.97	8174.25
替代标准煤（t）	996.93	24923.25
减少 CO_2 排放量（t）	1847.38	46184.5
减少 SO_2 排放量（t）	0.52	13
减少 NO_x 排放量（t）	0.59	14.75

04/ 应用效果

作为城市更新的典型案例，通过对海南自贸港整体定位、东方城市总体规划以及所在城区现实发展状况的深入研究，并充分考虑环岛旅游公路的规划实施对项目的影响，计划将渔港码头区更新拓展为渔港产业与休闲商业相结合的"海－产－城"融合发展区，从而未来与周边更新规划中的东方滨海新城紧密衔接、相互支撑、融为一体。

规划设计以海洋资源、渔港产业与城市生活三者的互动关系为切入点，以"环海抱港"的风情步行街为主线，在对渔港码头自身制冰、理鱼、冷链、加工、陆域配套等产业功能进行完善升级的同时，植入渔贸、餐饮、商业、文化、观光、娱乐、商务等多种功能，将城市生活的烟火气、海港观光的独特体验与渔业活动、渔事文化紧密结合，力求将项目整体打造为港城一体、产城融合、业态多元、风情浓郁的"东方渔人码头"。

风情街入口效果图

风情街临海景观广场效果图

泰兴市奥特莱斯购物公园

01/ 项目概况

　　该项目位于江苏省泰兴市东部高新开发区内，总占地面积59530m²。总建筑面积132356.34m²，其中地上建筑面积105649.34m²，地下建筑面积26707m²。

02/ 设计理念

　　（1）项目定位为商业街区式的奥特莱斯，对体块进行切分形成街区形态，目的是形成相对集中且开敞的商业街区。再由连桥和外廊系统把拆分的商业体量重组，形成高效的人流步行系统。空中平台和连桥布置艺术装置和景观节点，创造趣味且丰富的购物体验。

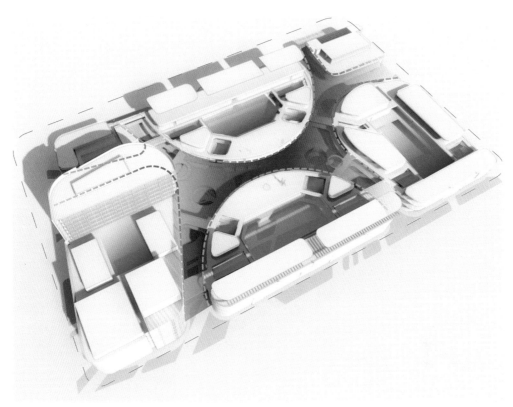

连桥和外廊系统重构内外空间关系

艺术装置和景观节点创造具有趣味且丰富的购物体验

（2）结合主动线与各个界面形成人流的导入关系，把整个场地按弧线形切分，形成"一轴六区"的规划格局。

（3）结合建筑退线轮廓，由此生成了整个项目集约的建筑形态。

（4）自持商业中心结合电商中心位于西北角作为项目形象展示。

（5）高层办公位于靠近北侧主入口形成有趣的入口空间。

（6）展示中心布置在东南角，结合次入口形成展示广场。

（7）其他商业体块布置商业街区。

"一轴六区"打造集约的建筑形态

高低错落的入口空间

多层次的步行系统

商业入口

多层次的屋顶
丰富购物体验

商业街室内效果图　　　　　　　　　　　　　商业中心室内效果图

03/ 技术亮点

（1）建筑生活给水系统：低区（首层至地上二层）由市政直供，中区由水箱＋变频加压供水系统供应。办公建筑分区每区静水压力不大于 0.45MPa；冷却塔补水：设于低位冷却塔若市政压力可满足供水要求，由市政直供，设在高位或市政压力不满足供水要求，由冷却塔补水泵从消防水池吸水供水。

（2）商业酒店设置集中热水系统，其他建筑预留条件采用根据用水点要求热水自制。商业酒店集中热水系统热源：采用空气源热泵＋燃气炉系统，酒店地下室区域自备燃气炉房间，生活热水供水温度 60℃，回水温度 55℃。热水系统压力分区同生活给水系统分区。

（3）排水系统：办公建筑采用污废合流的排水系统，酒店排水系统污废分流餐饮含油废水经隔油设备处理后排放。锅炉排水经过降温后排放。室外地面以上标高污废水采用重力排水，地下室污废水采用集水坑＋潜水泵压力提升的方式。室内雨水排水系统：屋顶雨水排水采用 87 型雨斗，设计重现期为 10 年，与建筑溢流设施合计排水能力不小于 50 年重现期排水设计流量。地下下沉广场敞开空间雨水设计重现期按 50 年设计。

（4）消防系统：设置室内外消火栓系统、自动喷淋系统、消防水炮系统和磷酸铵盐干粉灭火器。水源取自市政自来水，地库设置消防水泵房，采用临时高压制消防系统。屋顶消防水箱容积不小于 $36m^3$，水箱间内设置消防增压稳压设备。

（5）雨水收集利用设施：雨水回收处理后用于绿化及庭院地面喷洒用水，雨水清水池在旱季由市政中水管网补水。工艺流程：雨水收集装置（屋面雨水斗、地面雨水口）→雨水管道→雨水弃流装置→雨水过滤器装置→雨水调蓄水池→消毒处理→雨水清水池→用水点。

04/ 应用效果

滨河效果图

北侧广场效果图

运动区中庭效果图

时尚艺术街区效果图